Los autores

Mario Jiménez–Castillo nació en Santa Ana, El Salvador, es periodista y desde hace más de diez años se dedica al estudio y análisis de las ciencias ocultas, la parasicología y las religiones afroantillanas. También es ecologista y pertenece a la sociedad protectora de animales. Actualmente reside en California y se dedica a dar consulta espiritual en inglés, español y portugués.

Martha Graniello–Russo nació en El Salvador. Además de escritora es intérprete, traductora y asidua investigadora de las artes esotéricas, filosofías y religiones alternativas. Desde hace algunos años hasta el presente ha dedicado gran parte de su tiempo a profundizar más en estos temas que tanto la apasionan. En la actualidad Martha reside en el Norte de California.

Correspondencia con los autores

Si desea más información sobre este libro u otras lecturas similares, favor envíe su correspondencia a Llewellyn Español. La casa editora agradece su interés y sus comentarios en la lectura de este libro y sus beneficios obtenidos. Favor escribir a:

Llewellyn Español
2143 Wooddale Drive, Dept. 978-0-7387-0747-3
Woodbury, MN 55125-2989 U.S.A.

Incluya un sobre estampillado con su dirección y $US1.00 para cubrir costos de correo. Fuera de los Estados Unidos incluya el cupón de correo internacional.

Magia de las frutas y vegetales

Magia de las frutas y vegetales

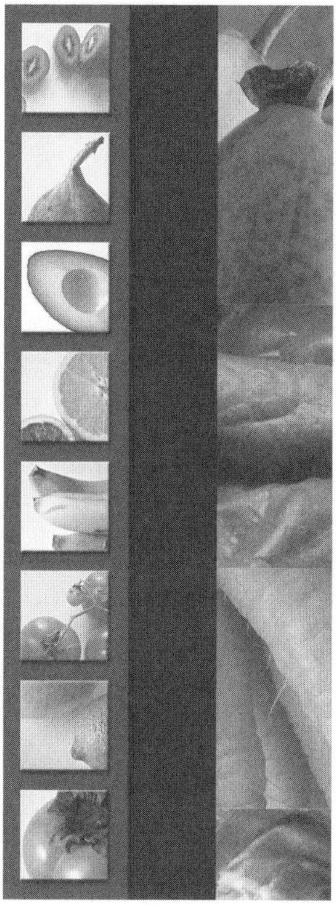

Salud, cocina y belleza

Mario Jiménez–Castillo
Martha Graniello–Russo

Llewellyn Español
Woodbury, Minnesota
U.S.A.

PRIMERA EDICIÓN
primera impresión, 2005

Coordinación y edición: Edgar Rojas
Diseño de la portada: Gavin Dayton Duffy
Diseño interior: Edgar Rojas
Imagen de la portada: © Eyewire–PhotoAlto–Digital Stock
Ilustraciones de plantas: Kevin R. Brown: Equinacia.
© 2004 por Lauren Foster-MacLeod: árnica, eucalipto, jengibre, ajo, cebolla, aguacate, coco, guayaba, higo, papaya, tamarindo.
Otras ilustraciones: extractadas de varias publicaciones de Dover Illustrations y utilizadas bajo su permiso.

Librería del Congreso. Información sobre esta publicación. (Pendiente).
Library of Congress Cataloging-in-Publication Data. (Pending).

ISBN # 978-0-7387-0747-3

Llewellyn Español
Una división de Llewellyn Worldwide, Ltd.
2143 Wooddale Drive, Dept. 978-0-7387-0747-3
Woodbury, MN 55125-2989 U.S.A.
www.llewellynespanol.com
Impreso en los Estados Unidos de América

Dedicatoria

Dedicamos este libro a Christopher,
Neil y Andrew Espitia Graniello.

Agradecimiento

Agradecemos la colaboración técnica
y el prólogo escrito por Víctor H. Campana.
Agradecemos también la colaboración de María da Rocha,
Karla Jiménez, Evelyn Conte, Imelda Guerrero,
Carolina Diaz Deleón, Olga Lucía Bove, Ana R. Jiménez
y Silvia Brenes Mejía.

Advertencia

Este libro no es substituto de un tratamiento médido profesional. Tampoco debe ser usado como una guía médica. Consulte a su doctor en el caso de cualquier problema serio de salud.

TABLA DE CONTENIDOS

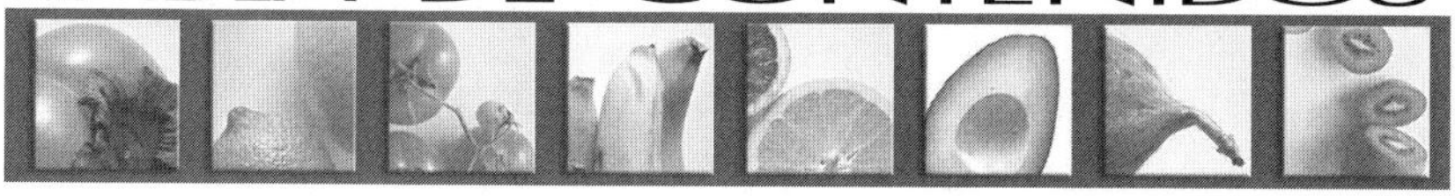

Prólogo xi
Introducción xiii

Capítulo 1	Magia	1
Capítulo 2	Frutas	9
Capítulo 3	Vegetales	45
Capítulo 4	Hierbas	77
Capítulo 5	Jugos y Licuados	109
Capítulo 6	Postres	131
Capítulo 7	Recetas Vegetarianas	161
Capítulo 8	Remedios Naturales	191
Capítulo 9	Mascarillas	209
Capítulo 10	Consejos Naturistas para la Belleza	225

Apéndice 237
Glosario 249
Bibliografía 257
Ilustraciones 261

PRÓLOGO

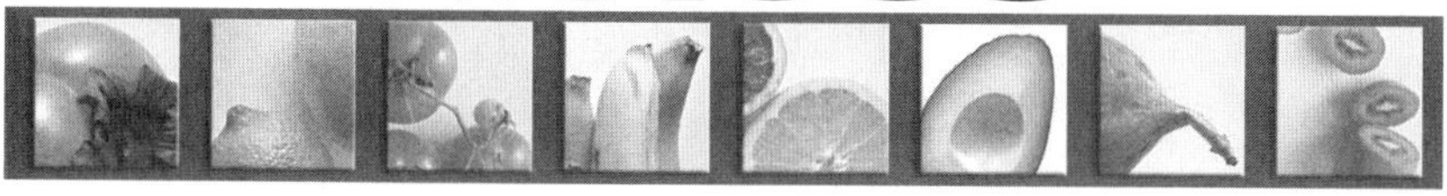

Este libro, *Magia de las Frutas y Vegetales,* es una fascinante colección de métodos para mejorar tanto la salud física como la emocional y espiritual que todos deseamos. La sabiduría y magia de estos métodos tienen como fuente de origen el conocimiento y uso milenario del reino vegetal.

Los autores de este fabuloso libro, Mario Jiménez-Castillo y Martha Graniello-Russo, usan el término *magia* para resaltar el efecto casi milagroso que produce el uso práctico de las frutas y los vegetales. De modo que no se trata de poderes sobrenaturales. Se diría mas bien que, junto a la fe y el poder de voluntad del individuo, el uso de estos métodos tiene una misteriosa cualidad de encantamiento.

Algunos de estos métodos presentados, como los indicados en Recetas Vegetarianas y Remedios Naturales, han sido de uso familiar tradicional por muchos siglos. Y otros, como los descritos en Mascarillas y Consejos Naturistas para la Belleza, reflejan tanto la sabiduría de las tradiciones como los descubrimientos de la ciencia contemporánea. Así que, los métodos coleccionados en este volumen son prescripciones únicas para la buena salud y embellecimiento de la gente moderna.

Este trabajo de investigación en el inmensurable campo del reino vegetal para lograr medios que cultiven la salud y la belleza, pese a la duda que puede crear la simplicidad de los mismos, ofrece resultados positivos. El secreto reside en la fe y poder de voluntad del usuario quien, en definitiva, hace posible la magia de las frutas y los vegetales.

Víctor H. Campana

INTRODUCCIÓN

Las frutas, los vegetales y las hierbas han jugado un papel de primer orden en el desenvolvimiento cultural de la raza humana, no sólo como alimento, sino como remedio, medicamento, utensilio mágico y fuente de vida. En sí son innumerables los calificativos que se pueden citar para calificar la influencia, importancia e impacto de estas dádivas de la madre naturaleza.

En tiempos remotos cuando no existían las comodidades que ahora disfrutamos, el hombre primitivo solía cazar animales salvajes para sobrevivir y a veces cuando no lo conseguía, las frutas, semillas, legumbres y las flores que encontraba a su paso constituían la única pila de alimentación con la que podía contar.

Poco a poco el hombre dejó de ser nómada y se definió sedentario al descubrir que podía disfrutar de una vida más estable y tranquila si echaba raíces en un solo lugar y en el mismo plantaba frutos, hortalizas y hierbas indispensables en su dieta alimenticia.

Fue así como civilizaciones antiguas se edificaron a través de los cultivos del trigo, arroz y maíz.

Prontamente se estableció el comercio, el canje y el trueque en diversas culturas. Frutos y vegetales exóticos eran llevados de un lugar a otro para ser vendidos o cambiados por utensilios de cocina, carne o animales domésticos. Las hierbas y las especias por su parte gozaron de gran demanda por muchos siglos ya que las más codiciadas por las artes culinarias requerían ser traídas de tierras distantes, en muchas ocasiones los mercaderes tardaban un año o más en entregar los pedidos que les eran encomendados.

Durante esos viajes por mar y sus largas travesías, fueron abundantes las penurias y desventuras a las que se enfrentaron aquellos fortuitos navegantes, la peste y las enfermedades los acechaban, y en esos momentos de vicisitud el botiquín de primeros auxilios no constaba de jarabes, tabletas, vendas y píldoras para el dolor, en aquel entonces los remedios eran la lima y el limón para aniquilar el escorbuto y la malaria, la cebolla para curar la influenza, el ajo para eliminar la disentería, en fin, la mayoría de medicamentos que hoy en día conocemos aun no eran descubiertos, la cosecha de la madre naturaleza fue para todos el medicamento garantizado por excelencia.

Los chamanes que han formado parte desde la fundación de las civilizaciones más tradicionales, también volcaron todos sus recursos en el estudio, experimentación y análisis de las frutas, vegetales y hierbas con fines místicos. Fue así como se descubrió que el ajonjolí era bueno para llamar la buena suerte, la ruda magnífica para los negocios y para las limpias espirituales y la manzana y sus esencias fue reconocida por guardar celosamente uno de los secretos más preciados en el arte del amor y la seducción.

Conforme llegó el modernismo, aparecieron los grandes precursores de la medicina contemporánea, Luis Pasteur (1822–1895) creador de la microbiología e inventor de la vacuna contra la rabia junto a Sir Alexander Fleming (1881–1955) uno de los descubridores de la penicilina, han sido catalogados como sabios entre los más sabios, porque con sus descubrimientos impidieron epidemias y evitaron catástrofes que predecían el agobio de toda la humanidad.

La ciencia ha seguido su curso, sin embargo, y a pesar del esfuerzo de talentos brillantes que dedican su vida al descubrimiento de nuevos medicamentos y terapias para combatir las enfermedades más terribles, aun no se tiene nada en concreto, ningún antídoto ni pócima que cure el cáncer, el lupus, la diabetes y el VIH, por mencionar algunos de los males actuales.

Los médicos y nutricionistas hacen hincapié en que la única manera de alargar la vida, eludir padecimientos y retardar en parte los procesos del envejecimiento, es sin lugar a dudas llevando una vida sana, evitando vicios, haciendo ejercicio con frecuencia, desarrollando la buena voluntad y alimentándonos de una manera más natural.

Con el vaivén, responsabilidades y complicaciones de la vida cotidiana, por la falta de espacio y mil y una ocupaciones, no nos tomamos el tiempo necesario en procurarnos una alimentación balanceada, y muy por el contrario solemos saturarnos de comida rápida y refrescos artificiales que por el momento satisfacen nuestro apetito pero a la larga son los causantes de una serie de trastornos eludibles.

Si en vez de ingerir comestibles tóxicos volcamos nuestra atención en la comida natural, en las verduras, las semillas, los granos y las frutas, poseedores de nutrientes vitaminas y minerales esenciales para la salud y la vitalidad, nuestra calidad de vida disfrutará de formidables beneficios y portentos que harán posible la extensión de la tan preciada mocedad.

En efecto los frutos y los vegetales no curan enfermedades terminales, ni trastornos graves pero en cambio hacen algo mejor que es "prevenirlos", porque contienen los elementos orgánicos indispensables para fortificar y aumentar las defensas naturales encargadas de neutralizar, repeler y aniquilar agentes patológicos.

"Quien consuma periódicamente los frutos de la madre naturaleza, obtendrán de ella sus encantos, detentará buena salud y conseguirá distinguirse por su gracia y fortaleza."

CAPÍTULO 1

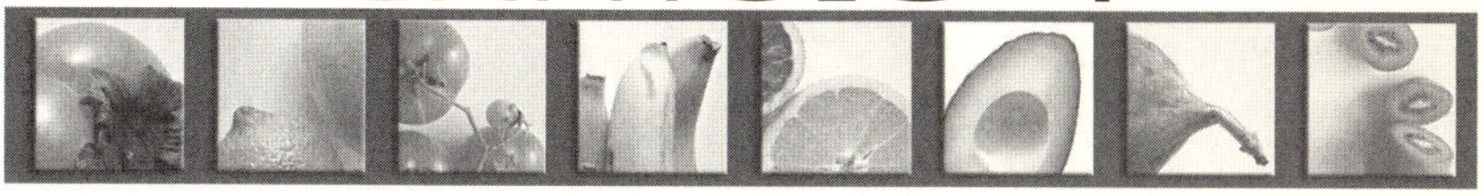

Magia

Por muchos siglos la magia ha sido mal interpretada, manipulada y hasta utilizada para satisfacer fines religiosos, políticos y culturales. Numerosos mitos suelen señalar a la magia como una actividad sobrenatural, peligrosa, ilusoria y hasta satánica.

La magia como todas las ciencias que ahora conocemos, un día tuvo que emerger entre las tinieblas de lo desconocido, asimismo lo hicieron la física, la química, la medicina, la astronomía, la biología y la filosofía entre otras tantas. Sabios del pasado fueron tildados como dementes, juzgados, torturados y algunos hasta condenados a morir simplemente por dar a conocer sus conocimientos al mundo. Tales fueron los casos de Nicolás Copérnico (1473–1543) astrónomo polaco quien difundió en aquel entonces la idea que la tierra no era el centro del universo y que giraba en su eje alrededor del sol, asimismo Galileo Galilei (1564–1642) físico y astrónomo italiano, quien fuera apresado y sentenciado únicamente por hacerle saber al mundo que la tierra se movía.

Existe una lista extensa de brillantes talentos que con sus descubrimientos le dieron nuevos bríos a la vida terrenal, sin embargo siempre han surgido seres con mentes caóticas, cerradas y opuestas al estudio y descubrimiento de todas las maravillas que la madre naturaleza ha dispuesto a nuestro alcance y para nuestro propio beneficio.

Es increíble pero cierto que en el propio siglo XXI aun se pronuncien argumentos tan obsoletos y arcaicos sobre las prácticas de la magia.

En efecto todo ello ocurre debido a que la magia no presenta aparentemente leyes ni mecanismos que la definan o la defiendan como ocurre con otras artes y ciencias formalmente establecidas. Sin embargo nada escapa en nuestro planeta a la ley de la compensación. Un precepto aparentemente llano pero que encierra la verdad más fundamental de nuestra existencia, por tal motivo la magia se encuentra directamente ligada a tal decreto universal.

La magia no es sobrenatural porque no hace milagros, solamente crea cambios necesarios, tampoco es satánica, porque la mente y las acciones del usuario son los factores que le dan el poder y la esencia, y como existen los dos polos opuestos del universo, el yin y el yang, por lo cual se originaron los dos eternos rivales —el bien y el mal—, de los cuales nada ni nadie escapa, entonces por ende existen desde siempre dos tipos de magia: la magia negra y la magia blanca, antagonistas entre sí y separadas por una estrecha línea divisoria que podemos definir como buena voluntad.

Conociendo, obrando y actuando bajo los roles establecidos de la buena voluntad, la magia blanca vegetal que trataremos en diversas formas en este ejemplar no puede ni debe ser peligrosa, sencillamente la analizaremos como un medio que tenemos para atraer cambios benéficos, positivos y necesarios.

La magia no es una maquinaria creadora de ilusiones, porque sus efectos son reales, visibles, tangibles y perseveran según nuestros propósitos.

Existen tres tipos diferentes de energía necesarias entre sí para dar vida a un ritual de magia.

La primera o energía primaria consiste básicamente en la energía personal, la fuerza que emana de nuestro ser, el poder creado por la conjunción de mente, cuerpo, corazón y espíritu.

La segunda energía está regida por el poder de la madre naturaleza: las frutas, los vegetales, las hierbas, las flores, el agua, las piedras, el aire, el fuego, la tierra, los animales y todo lo creado en nuestro planeta se haya magistralmente envuelto en la esencia del poder terrestre.

El tercer factor fundamental consiste en la energía etérea, la fuerza vibrante del Creador y los espíritus de luz que vigilan y sustentan la creación divina.

Los rituales mágicos precisan extraordinariamente de los tres poderes para producir cambios reales y efectivos. El hombre con su energía produce la visualización (proceso mediante el cual se crean imágenes, circunstancias y episodios en la mente) y es por medio de la misma que se llega a influenciar el poder de la naturaleza a través de sus pertenencias: la flora, la fauna, los elementos, el mar, las estaciones, el tiempo y el karma.

Ya establecida la comunión de los dos poderes ahora viene el llamado interactivo de ambos con el poder divino lo que llamaremos trilogía poderosa. En las prácticas de la magia siempre va envuelto un objetivo junto a una experiencia religiosa.

Un ejemplo práctico de cómo trabaja la magia blanca lo encontramos en las experiencias rituales de Ana María, durante los últimos dos años ella ha pasado por momentos extremadamente difíciles en cuanto a su economía. Después de contar con un trabajo de primer nivel que le permitía llevar una vida cómoda y estable, de momento la compañía para la cual laboraba tuvo que hacer un recorte de personal y aunque ella no fue despedida, resultó sumamente afectada por tal medida ya que su habitual horario de trabajo fue reducido a la mitad. De repente se encontraba con muchas cuentas, facturas y tarjetas de crédito que debían ser saldadas a tiempo; madre soltera con dos hijos los cuales dependían exclusivamente de ella.

Ana María comenzó a familiarizarse con la magia de las frutas, los vegetales y las hierbas, su abuela que era practicante de rituales espirituales y creyente en todos los tipos existentes de sortilegios y encantos fue su mejor maestra. Hija querida exclamó la señora: tu máxima necesidad es salir al encuentro de la buena fortuna, te recomiendo que te concentres en tres ingredientes naturales para lograr que así suceda; mantén siempre en la casa un racimo de uvas en un frutero, un ramo de ruda en un florero y fabrica un talismán con finas porciones de coliflor, de ese modo convocarás a la providencia y junto a ella vendrá como invitado el verdadero amor.

Ana María decidida a cambiar su suerte no dudó en prestar atención en los sabios consejos de su sensata abuela. Una mística noche de luna llena encendió una vela verde en la cocina, colocó las exuberantes uvas rojas en el frutero, mientras lo hacía visualizó su futuro inmediato, un trabajo estable, igual e incluso mejor al que antes detentaba, posteriormente colocó las ramas de ruda en el florero preparándose para el ritual del próximo día, finalmente cosió un saquito de terciopelo verde en el cual introdujo los delicados trozos de coliflor a los que añadió unas semillas de mandarina.

Al siguiente día y a la misma hora, su abuela fue a visitarla, traía con ella una añeja oración e hizo que Ana María la recitara mientras rociaban agua de ruda en la puerta de entrada de la casa:

Ruda verde y perfumada
de aroma raro y exquisito
tu secreto es sin igual
y no me faltará cosa alguna
me alejas de todo mal
y me traes la fortuna.

Por eso tu ayuda espero
al rociar tu agua en mi puerta
para que al estar abierta
entre amor y dinero.

Fueron pasando los días y Ana María comenzó a observar como la tensión de días pasados casi había desaparecido por completo, nuevas e inmejorables oportunidades de trabajo comenzaron a presentarse por arte de magia y no era de extrañarse si ella misma había fomentado la presencia de los buenos augurios.

Ella comenzó a confiar en los tres poderes de los que hablamos anteriormente y acogió sin vacilación la guía de un ángel terrestre personificado en su abuela.

El proceso que le llevó a cambiar su suerte atravesó por seis etapas circunstanciales y necesarias al mismo tiempo:

- Ana María reconoció que tenía una traba espiritual.
- Por medio de su abuela encontró las herramientas adecuadas (frutas, vegetales y hierbas) que necesitaba para eliminar la traba.
- Mediante la visualización comenzó a reconocer el poder de la energía humana.
- También utilizó la visualización creativa para fundir en un solo poder ambas energías: la energía terrestre y la fuerza interior del ser humano.

Oró y utilizó la llama de una vela para agradar a las divinidades y una corta pero poderosa oración para reforzar sus propósitos mágicos.

- Finalmente consiguió influenciar a su favor la energía de las herramientas mágicas y con ello hizo posible un cambio benéfico a través de la trilogía del poder.

¿Qué es el Karma?

La palabra *karma* proviene del sánscrito *Karman* que significa "acción y reacción de la voluntad". Toda acción buena o mala siempre causa una reacción en la energía que la envió. El karma es la ley universal que ha regido al hombre desde el inicio de los tiempos y también es conocida como la ley de la Compensación. Toda energía que es enviada será retribuida a su punto de origen tarde o temprano.

Existen personas que consideran al karma como un factor adverso en el destino y por ello creen que les afectará durante toda la vida. El karma no es negativo ni positivo, simplemente es producto de la programación energética de nuestra voluntad.

Un karma negativo puede ser traído desde vidas anteriores; sin embargo existen medios concretos para modificarlo. Dichos medios resultan fáciles y sobre todo prácticos a la hora de la ejecución: lo único que debe hacerse es enviar buena energía en todo lo que hagamos, decretemos o pensemos. El karma puede ser noble y estupendo, todo depende de nuestras acciones. Es de sabios hacer el bien a los demás porque al mismo tiempo nos estamos haciendo el bien a nosotros mismos.

El karma es como un bumerang: si haces bien recibes bien y si obras mal recibes mal.

El karma puede ser acumulativo y debemos estar conscientes de lo que nuestra energía es capaz de provocar.

La ley de la compensación es el fiel reflejo de la ley de la causalidad y no de la casualidad, porque toda causa tiene su efecto tanto en el plano físico como en el plano espiritual.

El karma no debe causar temor, aunque ello depende de cada uno porque todo ser humano decreta, piensa y ejecuta lo que emana de su mente y corazón. Si se obra de una manera errónea, vindicativa o egoísta sólo recibiremos a cambio dolor y penumbra. Lo mejor es obrar de buena manera, con entusiasmo, con amor, con buenos deseos y así el karma se convertirá en recompensa.

¿Qué es la Magia Blanca?

La magia blanca es el tratado espiritual que reúne todas las fuerzas de la naturaleza y el universo con el único fin de crear el bien. La magia blanca se opone a la maldad y por ello no debe ser confundida con la magia negra y los ritos obscuros. La práctica de la magia blanca envuelve el uso de la buena voluntad para efectuar cambios benéficos; por lo tanto cualquier persona en pleno uso de sus facultades, será capaz de enfocar su energía y voluntad hacia el bien y de ese modo realizar rituales benignos.

La magia blanca no altera los designios universales porque no obliga, no ata, no mancha ni pervierte a su usuario. Solamente se practica para atraer provecho o para liberarse de malas vibras o conjuros malignos enviados por aquellos que carecen de buena voluntad.

La magia blanca no induce a nadie a complacer la voluntad del otro, ni tampoco funciona cuando se pretende hacer el mal. La práctica ritual de la magia blanca es considerada como una comunión cósmica entre la potencia divina, la buena voluntad del ser humano y las fuerzas inagotables y misteriosas de la naturaleza.

¿Cómo disponerse a realizar un ritual de magia blanca?

Si ha decidido efectuar un ritual de magia blanca, lo principal en ese momento será contar con un buen estado anímico, espiritual y físico, además de poseer buenos propósitos y fines adecuados.

La magia blanca se utiliza única y exclusivamente para hacer el bien. Antes de efectuar un ritual se recomienda usar prendas de colores claros, o de color blanco, lavarse las manos y frotarlas con agua florida o con un poco de alcohol alcanforado. Posteriormente se hace una meditación, se ora por un momento y se comienza a realizar el ritual.

Una vez en el proceso se debe concentrar toda la fuerza mental en la visualización creativa y de esa manera impregnar de energía positiva al propósito por el cual se efectuará la magia.

Existen magias de ocasión y otras que se hacen repetidamente por varios días o semanas. La buena disposición y la constancia son factores esenciales para que un ritual cumpla con su cometido. Si de una magia no se obtiene el resultado esperado es porque no se siguieron los pasos correctamente, no hubo suficiente concentración o no se tomó en cuenta la posición de los astros, factor fundamental en este tipo de prácticas rituales.

Cada propósito es diferente y tiene por consiguiente un espacio específico para su realización, que debe tomarse en cuenta para que el resultado sea el esperado.

Nunca se debe realizar un ritual si se está triste, enfermo, deprimido o de mal humor, ya que la energía en ese instante podría actuar en forma contraria.

Al finalizar un ritual de magia blanca se debe dar gracias a las fuerzas de la naturaleza y decretar la siguiente sentencia:

"Que este ritual actúe en beneficio de mis semejantes, la naturaleza y el cosmos, y al mismo tiempo forme parte del balance perfecto del universo".

CAPÍTULO 2

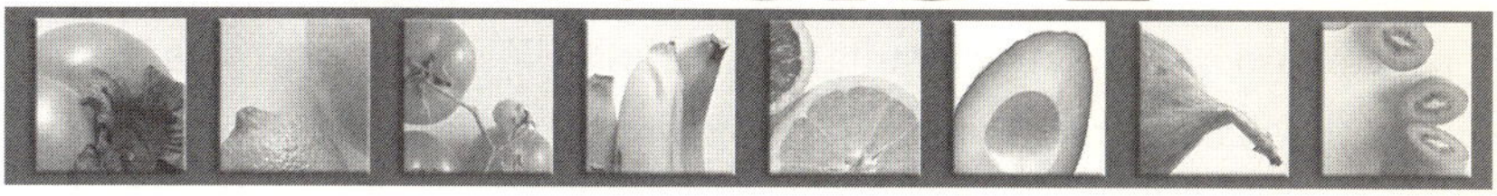

Frutas

Saludables, exuberantes, exquisitos, calificativos propicios para definir los frutos de la madre naturaleza, el primer alimento que conoció el hombre primitivo. En todas las épocas las frutas han sido una fuente de inspiración de grandes artistas como por ejemplo las obras *Frutas de la Tierra* y *Viva la Vida*, de la extraordinaria pintora mexicana Frida Kalho (1907–1954). También le han servido al hombre como punto de contacto entre él y las divinidades que venera. En diversas religiones alternativas como el candomblé brasilero, el budismo tibetano, la santería, la wicca y en la mayoría de creencias religiosas y rituales precolombinos que aun prevalecen, siempre se encuentran altares coloridos y alegres, revestidos por una singular gama de elementos, entre los que resaltan las frutas más exóticas.

La papaya nativa del continente americano, el tamarindo de la india y la sandía del África, han sido frutas reverenciadas a providenciales deidades de las cuales se piden favores y se obtienen verdaderas maravillas.

En este capítulo hemos tratado de enumerar las frutas que gozan de mayor popularidad entre los consumidores alrededor del mundo no solamente por sus apetitosos sabores y regustos sino también por sus innumerables beneficios para la salud, el mito que las envuelve y los prodigios mágicos a las que han sido asociadas desde hace siglos.

AGUACATE / PALTA– *Persea americana*

Nombre en inglés	**Avocado**
Planeta regente	**Venus**
Elemento	**Agua**
Género	**Femenino**

Uno de los frutos más apetecidos es el aguacate, originario del continente americano y con más de treinta variedades en su haber, se ha venido cultivando desde hace más de cinco mil años. Las antiguas civilizaciones americanas contaban en su menú gastronómico con una variedad de platillos preparados con aguacate, maíz, ají y tomate entre otros ingredientes.

En lengua náhuatl el nombre del aguacate era *ahuacotl* con la llegada de los conquistadores el nombre se castellanizó. El aguacate actúa como un regenerador de la flora intestinal y ayuda a eliminar padecimientos como la colitis y la gastroenteritis, también se le considera un potente afrodisíaco. Al consumirlo con frecuencia asiste en el fortalecimiento del cuerpo, previene las arrugas prematuras, retrasa los procesos del envejecimiento ayudando a la piel a lucir más tersa y lozana.

Propiedades medicinales

Contiene vitaminas A, B, C, D, E y K y minerales como cloro y fósforo.

Propiedades místicas

Antiguos rituales mágicos afirmaban que todo aquel que coma diariamente una porción de aguacate logrará mantenerse joven por más tiempo y su apetito sexual nunca decaerá.

ALBARICOQUE / CHABACANO / MELOCOTÓN–
Prunus armeniaca

Nombre en inglés	**Apricot**
Planeta regente	**Venus**
Elemento	**Agua**
Género	**Femenino**

El albaricoque es originario del continente asiático, se estima que fue considerado en la antigua China un fruto con dones mágicos para los comerciantes y de alto beneficio para la salud. Se comenzó a cultivar en Portugal e Inglaterra a mediados del siglo XVI y una década después ya se había propagado su cultivo en la mayoría de países europeos.

En medicina natural se receta comerlo periódicamente para evitar padecimientos sanguíneos como la anemia y la diabetes. Actúa como alimento para la piel y el cabello, proveyéndolos de mayor brillo, cuerpo y sedosidad; además se cree que combate la alopecia. Durante siglos se le ha considerado como un potente afrodisíaco y estimulante sexual para el género masculino.

Propiedades medicinales
Contiene vitaminas A, B y C y minerales como el fósforo, hierro, potasio y silicio.

Propiedades místicas
Pequeñas semillas de albaricoque son portadas por viajeros y turistas, con ello se protegen de sufrir pérdidas o robo del equipaje.

ALMENDRA– *Prunus dulcis*

Nombre en inglés	**Almond**
Planeta regente	**Mercurio**
Elemento	**Aire**
Género	**Masculino**

La almendra ha sido cultivada durante más de veinte siglos en el continente africano, sin embargo es originaria del lejano oriente. Antiguos mercaderes la llevaron a Europa haciendo alarde de sus propiedades curativas, cosméticas y culinarias. Las variedades de este fruto varían en gran medida de los países fríos a las regiones localizadas en los trópicos.

Los jugos y bebidas preparadas con almendras, son recetados para fortalecer los músculos y el sistema nervioso, también se indican para aumentar la energía a personas de edad avanzada. La intoxicación por bebidas alcohólicas es prevenible si se ingieren tres o cuatro almendras frescas antes de comenzar a beber. La nuez obtenida del interior de la semilla se utiliza en la producción de cremas y aceites que ayudan a retardar la aparición de las arrugas, con las semillas molidas se prepara una pasta altamente recetada para borrar estrías, paños y manchas de la piel ocasionadas por la frecuente exposición al sol.

Propiedades medicinales
Fuente de vitamina B, C y E, contiene calcio, magnesio, potasio, fósforo y silicio.

Propiedades místicas
Muchas de las famosas varitas mágicas o cetros de poder que se fabricaban en el pasado, utilizaban como materia prima pequeñas ramas del árbol de la almendra y cristales de cuarzo. Actualmente esta antiquísima tradición de preparar objetos mágicos está tomando un nuevo auge.

ARÁNDANO– *Vaccinum frondosum*

Nombre en inglés	**Blueberry**
Planeta regente	**Luna**
Elemento	**Agua**
Género	**Femenino**

Originario del continente americano, el arándano ha sido uno de los frutos más tradicionales para los nativos de Norteamérica quienes desde hace siglos preparaban néctares y bebidas refrescantes con el jugo de la fruta. Los primeros colonizadores que llegaron al territorio que ahora se conoce como Nueva Inglaterra, incluyeron un rico pastel de arándano durante su primera cena navideña en el nuevo mundo.

El jugo del arándano es recetado para combatir afecciones de las vías urinarias, como por ejemplo la incontinencia, infección del tracto urinario y mal de orín.

La tintura es indicada para reducir cálculos en los riñones y la vesícula. Se recomienda beber su jugo con frecuencia para prevenir padecimientos de la vejiga.

Propiedades medicinales
Rico en vitaminas A, B y C, contiene hierro, calcio, magnesio, potasio y calcio.

Propiedades místicas
Un saquito de tela verde relleno con semillas secas de arándano se utiliza como amuleto de buena suerte para los juegos de azar, especialmente cuando se juega en casinos o cuando se han de escoger los números de la lotería.

BANANO / GUINEO / PLÁTANO / CAMBUR– *Musa sapientum*

Nombre en inglés	**Banana**
Planeta regente	**Venus**
Elemento	**Agua**
Género	**Femenino**

Según datos de los historiadores, el banano en sus más de ochenta variedades es originario de la India e Indonesia, es mencionado en libros sagrados y ofrecido en coloridos rituales a Ganesh deidad asociada a la buena suerte y al vencimiento de obstáculos. El banano fue introducido por los conquistadores en el continente americano a finales del siglo XVIII. En la actualidad los bananos de mejor calidad son cosechados en Tailandia, las Filipinas y Honduras.

El banano es consumido regularmente por personas que desean subir de peso; actúa como revitalizador de los tejidos, es altamente nutritivo y reconocido por proporcionar energía.

Es ampliamente indicado para tratar padecimientos como la gastritis y las úlceras estomacales. También es recomendado para curar la anemia y disminuir los niveles de azúcar en la sangre. Ha sido señalado como una cura para la impotencia.

Propiedades medicinales
Contiene vitaminas A, B y C, calcio, fósforo, cloro, hierro y potasio.

Propiedades místicas
Una hoja de huerta del banano es enterrada en el jardín durante los primeros cinco días del mes de enero para asegurar que los habitantes de la casa cuenten con trabajo abundante durante todo el año.

CAÑA DE AZÚCAR– *Saccharum officinarum*

Nombre en inglés	**Sugar cane**
Planeta regente	**Venus**
Elemento	**Agua**
Género	**Femenino**

Originaria de regiones tropicales, la caña se cultiva en África, Asia y en la mayoría de países de América latina. Constituye la materia prima en la fabricación del azúcar, mozcabado, el piloncillo, la panela y la melaza, ésta última junto al ron de caña es ofrendada como alimento especial dedicado a Yemayá la diosa yoruba de los mares. La isla de Cuba es uno de los mayores productores de azúcar en el mundo. *Azúcar* se convirtió en el lema de la querida e inmortal reina de la salsa Celia Cruz.

El jugo de la caña es recetado para reducir los niveles de la bilis en la sangre, prevenir la insolación y aliviar padecimientos intestinales como la constipación, las úlceras del duodeno y la colitis. También se receta como tónico para combatir estados depresivos promover el rejuvenecimiento, aliviar problemas vasculares y promover el buen apetito.

Propiedades medicinales
Fuente de vitaminas A y B, contiene hierro, fósforo y magnesio.

Propiedades místicas
Una caña sin pelar ya sea un trozo o entera colocada a un costado de la puerta de entrada a la casa, se convierte uno de los mejores amuletos para alejar las malas influencias y atraer la buena fortuna ya que es uno de los principales atributos tanto de Ganesh como de Elegguá, mensajeros de los dioses y abridores de prósperos caminos.

CEREZA– *Prunus avium*

Nombre en inglés	Cherry
Planeta regente	Venus
Elemento	Agua
Género	Femenino

Principalmente cultivada en regiones que gozan de las cuatro estaciones, la cereza es uno de los frutos más utilizados en la preparación y presentación de bebidas frías y cócteles. En antiguos festivales japoneses dedicados a las deidades asociadas al amor, se le agregaban cerezas a las bebidas de los solteros, simbolizando que ya estaban listos para el matrimonio, fue así como se cree que la costumbre de añadir cerezas a las copas se comenzó a difundir por todo el mundo.

El jugo de las cerezas es ampliamente recomendado para prevenir padecimientos como la anemia, uremia, cálculos en los riñones y el mal de orín. También se recomienda para brindar alivio cuando se padecen dolores reumáticos y de la gota. Trastornos del hígado y la vesícula pueden ser tratados naturalmente ingiriendo la fruta con frecuencia.

Propiedades medicinales
Contiene vitaminas A, B y C, también calcio, hierro y magnesio.

Propiedades místicas
Cuando se quiere olvidar una mala experiencia o un mal amor, lo que debe hacerse es colocar dentro de la almohada, un pequeño saquito negro relleno de semillas secas de cereza, se deja allí por un mes. Cuando se halla cumplido el tiempo marcado, el saquito se saca, se quema y las cenizas se entierran.

CIRUELA– *Prunus domestica*

Nombre en inglés	**Plum**
Planeta regente	**Venus**
Elemento	**Agua**
Género	**Femenino**

Se le conoce desde hace más de dos mil años tanto en Europa como en el continente asiático, según los historiadores, esta fruta es originaria del territorio que ahora abarcan Irak e Irán. En la antigua Persia las ciruelas fueron apetecidas por su alto valor cosmético ya que se le atribuían propiedades especiales que estimulaban el rejuvenecimiento del rostro. Los nativos de Norte América conocieron la ciruela silvestre, una de las más de cuarenta variedades de este fruto.

El jugo de la ciruela es recetado principalmente para recuperar la vitalidad y energía durante una convalecencia post operatoria. También se recomienda para contrarrestar desórdenes hepáticos y trastornos intestinales como la constipación. Cuando la cáscara se pasa de madura se utiliza como antídoto contra las arrugas. Un enjuague tibio con la infusión de las hojas de ciruela constituye un remedio eficaz para aliviar los efectos de la insolación.

Propiedades medicinales
Contiene vitaminas B y C, y minerales como el potasio, fósforo, calcio y magnesio.

Propiedades místicas
Una pequeña rama seca del árbol de la ciruela es colocada en o cerca de la puerta de entrada de la casa para ahuyentar a los malos espíritus y a las personas que vengan con malas intenciones.

COCO– *Cocos nucifera*

Nombre en inglés	**Coconut**
Planeta regente	**Luna**
Elemento	**Agua**
Género	**Femenino**

Según relata una antigua leyenda yoruba, el coco era conocido en África como Obi, admirado y apreciado por su pureza y blancura y por haber sido ubicado en tan alto pedestal, sin embargo la arrogancia y la vanidad hicieron que el egoísmo gobernará en su corazón hasta que un día fue castigado a caer de la palma, su corteza se volvió oscura y su envoltura adquirió un tono verdoso.

Los poderes curativos del agua de coco son ampliamente reconocidos en el tratamiento de trastornos urinarios. Tanto la pulpa como el agua tienen una acción desinfectante en el organismo, combaten los parásitos y asisten en la purificación de la sangre. El agua de coco es indicada en ayunas para eliminar impurezas de los riñones. La pulpa del coco maduro no debe ser consumida en exceso o por la noche ya que puede ocasionar pesadez en el estómago y en el peor de los casos indigestión. Más del 65% de la pulpa está constituida de grasa que se utiliza de materia prima en la elaboración de cosméticos y aceites bronceadores.

Propiedades medicinales
Rico en proteínas y minerales como calcio, fósforo, potasio y magnesio.

Propiedades místicas
Para hacer una limpia efectiva en el hogar se coloca un coco por un día en cada habitación, incluyendo sala, comedor, cuarto de baño, garaje, etc. Ya adentro de la casa, el coco debe ser maniobrado con los pies como si se tratase un balón de fútbol; al terminar con todas las habitaciones se saca a la calle y se quiebra. Los restos del coco se recogen utilizando guantes y se entierran.

DÁTIL / BANANO DE NANCE– *Phoenix dactylifera*

Nombre en inglés	**Date**
Planeta regente	**Sol**
Elemento	**Aire**
Género	**Masculino**

Se cree que la mata que produce los dátiles es tan antigua como la misma civilización humana. En la antigua Mesopotamia se preparaban bebidas frescas que posteriormente se ofrendaban al dios de la fertilidad. Las primeras galletas que se conocieron fueron producidas en Babilonia y eran fabricadas casi en un noventa por ciento con dátiles deshidratados.

Los dátiles son recetados a personas que desean subir de peso y son especialmente indicados en casos de anemia, anorexia y desnutrición. Son muy conocidas sus propiedades benéficas porque ayuda a reducir los niveles de azúcar y colesterol en la sangre. También se le reconoce como un potente afrodisíaco, además asiste en la cura y tratamiento de enfermedades de transmisión sexual.

Propiedades medicinales
Contiene vitaminas A, B, D y E, además de calcio, hierro, magnesio y fósforo.

Propiedades místicas
Siembre una mata de dátiles y coloque debajo de la misma un papel con un deseo escrito y siete monedas de la misma denominación, si cuida de la mata con afán, el deseo se le cumplirá en menos de un año.

DURAZNO– *Prunus persica*

Nombre en inglés	**Peach**
Planeta regente	**Venus**
Elemento	**Agua**
Género	**Femenino**

El árbol de duraznos es originario del norte de China, en la antigüedad se le asociaba con hadas y deidades que preservan la buena salud física y la agilidad mental. Fue tanta la popularidad que gozó en el pasado que los griegos le adoptaron como el fruto predilecto de Afrodita, lo mismo hicieron los romanos quienes preparaban coloridos altares compuestos por flores y duraznos especialmente dedicados a Venus la diosa del amor. En sus más de cincuenta variedades también se le conoce como melocotón.

El durazno tiene propiedades benéficas que refrescan y nutren la piel, le brindan mayor cuerpo y brillo al cabello y previenen en gran medida los padecimientos del sistema respiratorio como el asma y la sinusitis. Muchos naturistas le recomiendan como medicina preventiva contra enfermedades como el lupus, el cáncer de seno y el cáncer de la próstata. También se dice que alivia padecimientos cardíacos y deficiencias intestinales.

Propiedades medicinales
Contiene vitaminas A, B y C, además cloro, potasio, magnesio, hierro y calcio.

Propiedades místicas
Para procurar la pronta recuperación de un enfermo, se coloca un trozo de la raíz o una rama del árbol de durazno a un costado de su lecho, se deja ahí durante tres días. Al llegar al cuarto día usando unos guantes se toma y se entierra lejos de la casa.

FRAMBUESA– *Rubus idaeus*

Nombre en inglés	**Raspberry**
Planeta regente	**Venus**
Elemento	**Agua**
Género	**Femenino**

En la época medieval la frambuesa formaba parte indispensable en la lista de remedios caseros. En el lejano oriente se preparaban pócimas que le eran dadas a beber a las mujeres embarazadas para facilitar así las labores de parto. En Escandinavia eran ofrecidas al dios Odín como símbolo de gratitud por los favores recibidos.

El jugo de frambuesa es recomendado para aliviar la tos crónica, la amigdalitis, la indigestión, el reumatismo y la cistitis. Con las hojas se prepara una infusión indicada para contrarrestar desórdenes urinarios, aminorar los dolores de la artritis y prevenir los padecimientos de la próstata. La tintura es utilizada para curar úlceras e inflamaciones de las encías. La infusión también es apropiada para calmar los dolores provocados por las venas varicosas.

Propiedades medicinales
Rica en vitaminas A, B, C y E, además contiene hierro, sodio y glucosa.

Propiedades místicas
Un ramo de hojas frescas de frambuesa se cuelga en la puerta de la casa (por dentro) con el propósito de impedir la entrada a las almas que se encuentran atrapadas entre la vida terrenal y la dimensión espiritual.

FRESA– *Fragaria vesca*

Nombre inglés	**Strawberry**
Planeta regente	**Venus**
Elemento	**Agua**
Género	**Femenino**

La fresa es originaria de Europa y también de América, en la antigua Roma era plantada en los jardines como símbolo de buena salud y abundancia material. En rituales dedicados a Venus era una de las frutas ofrecidas por las doncellas a la diosa del amor antes de contraer matrimonio, y con ello lograr la felicidad eterna.

Las fresas frescas son indicadas para aliviar las condiciones del estómago débil, la gastritis, también se receta como tónico para el hígado. Son ampliamente recetadas durante la convalecencia de la hepatitis. El puré de fresas desde siempre ha constituido uno de los remedios más eficaces para eliminar manchas, espinillas, paños y pecas del rostro. El jugo de las fresas tiene propiedades anti bacteriales, se recomienda tomarlo como antídoto durante los primeros síntomas de enfermedades infecciosas y virales.

Propiedades medicinales
Contiene vitaminas B, C y E, también calcio, fósforo, sodio, hierro y ácido salicílico.

Propiedades místicas
El mago Merlín solía dejar pequeñas canastas repletas de fresas en el bosque como ofrenda a las hadas y duendes que le protegían contra los hechizos que eran enviados en su contra.

GRANADA / GRANADILLA– *Punica granatum*

Nombre en inglés	Pomegranate
Planeta regente	Mercurio
Elemento	Aire
Género	Masculino

Originaria de las costas del Mediterráneo, la granada ha sido utilizada desde la antigüedad como una potente medicina natural. En Asiria y Persia, el jugo de la granada se recetaba para combatir enfermedades oculares. Los griegos por su parte le adjudicaban poderes sobrenaturales y se creía que su exquisito néctar era uno de los antídotos contra la vejez.

La granada es recetada para prevenir diversos padecimientos como la fiebre, trastornos relacionados a la vesícula biliar, amigdalitis, enfermedades intestinales como la disentería y la salmonela. También actúa como un potente remedio para eliminar parásitos, purifica la sangre, cura padecimientos de los riñones y previene las afecciones urinarias. Con el agua de las flores se preparan pociones que alivian el sangrado nasal y la sinusitis.

Se recomienda tener precaución al maniobrar con el fruto ya que su juego puede causar manchas difíciles de borrar, especialmente en la ropa.

Propiedades medicinales

Contiene vitaminas B y C, además minerales como sodio, potasio, fósforo y magnesio.

Propiedades místicas

Siempre se ha considerado de gran suerte para los negocios y la atracción del dinero tener en el jardín un árbol de granada. Una jarra de vidrio llena de semillas secas de la fruta puede servir como un perfecto sustituto.

GUAYABA– *Psidium guajava*

Nombre en inglés	Guava
Planeta regente	Venus
Elemento	Agua
Género	Femenino

La guayaba es nativa del continente americano, fue reconocida y apreciada como remedio digestivo por las tres culturas prehispánicas más importantes. Aunque cuenta con una gran cantidad de variedades, las más conocidas son la guayaba blanca, la guayaba verde y la guayaba ácida. La guayaba es un fruto popular en tierras tropicales, en países de clima frío raramente se le encuentra en el mercado en forma natural, por lo cual es procesada en jaleas, conservas y enlatados que mantienen su exquisito sabor.

El jugo de guayaba es indicado principalmente para combatir la constipación y curar la indigestión. El fruto maduro previene la anemia, la debilidad y el raquitismo, también se cree que previene la leucemia. La guayaba ácida cura la diarrea y elimina los parásitos del duodeno.

Propiedades medicinales

Contiene vitamina A, B, y C, y minerales como fósforo, calcio y hierro.

Propiedades místicas

Las cáscaras secas de tres guayabas son colocadas en el techo de la casa o enterradas cerca de la puerta de entrada para así prevenir la llegada de visitantes indeseables y alejar las malas influencias.

HIGO– *Ficus carica*

Nombre en inglés	**Fig**
Planeta regente	**Júpiter**
Elemento	**Fuego**
Género	**Masculino**

Se tiene la creencia que los higos son originarios de la Atlántida, el continente que se hundió en el mar hace más de diez mil años, fue así como se diseminó prontamente desde las costas occidentales de América hasta el antiguo Egipto donde fue el fruto consagrado al dios Thot, deidad reconocida como patrón de la literatura y protector de los marineros.

Los higos son recetados principalmente para combatir la congestión hepática, la inflamación del bazo y la hepatitis. Cuando se deshidratan constituyen una fuente energética natural para las personas que practican el deporte periódicamente. Los dulces de higo y los higos en almíbar además de ser postres muy apetitosos, son indicados para aliviar las úlceras bucales y las inflamaciones en la garganta, el esófago y el paladar. También se le considera como un potente afrodisíaco.

Propiedades medicinales
Fuente de vitaminas B y C, contiene hierro, magnesio, potasio y fósforo.

Propiedades místicas
Corte una hoja del árbol de higo y escriba un deseo en ella, si la hoja se va secando lentamente el deseo se le concederá. Lo contrario ocurrirá si la hoja se seca a la mañana siguiente.

LIMA– *Citrus aurantifolia*

Nombre en inglés	**Lime**
Planeta regente	**Sol**
Elemento	**Fuego**
Género	**Masculino**

El árbol que produce las limas es originario de la Isla de Borneo aunque otros lo acreditan como nativo de la Isla de Bali. El fruto fue introducido en Europa y África durante la edad media y fue muy apreciado por los marineros porque le utilizaban como medicina preventiva contra la malaria, el escorbuto y la mayoría de trastornos que se sufrían al pasar largas temporadas en alta mar.

El jugo de lima es indicado para combatir la tos, el resfriado, la gripe, bronquitis, los trastornos de la presión sanguínea, los padecimientos gástricos, la intoxicación por alimentos vencidos o adulterados y la disentería. Una gran cantidad de naturistas recomiendan consumir diariamente el jugo de una lima para reforzar las defensas naturales del organismo y permanecer así libre de enfermedades.

Propiedades medicinales
Contiene vitaminas A, B C y G, además de cloro, potasio, magnesio y fósforo.

Propiedades místicas
Antiguos magos blancos recomendaban tomar un baño con agua de lima al inicio de cada estación con el propósito de mantener la buena salud, además de darle lustre y brillo al aura. La poción se prepara con dos litros de agua fresca, un litro de agua mineral y el jugo de cinco limas.

LIMÓN– *Citrus limon*

Nombre en inglés	**Lemon**
Planeta regente	**Luna**
Elemento	**Agua**
Género	**Femenino**

Se cree que el limón es originario de la antigua China, aunque desde hace más de nueve siglos se viene cultivando en diferentes regiones de Europa, África y Asia. Su llegada al continente americano se puede trazar en las primeras décadas de 1700. Sus propiedades curativas alcanzaron gran popularidad durante la época de la conquista, ya que era el remedio indicado para prevenir las enfermedades que aquejaban a los navegantes que hacían largas travesías. Fue así como la malaria y el escorbuto fueron combatidos en los siglos XV, XVI y XVII.

Por su alto contenido de vitamina C, se recomienda para curar resfriados, combatir enfermedades infecciosas, anemia, hipertensión, enfermedades de la piel, congestión hepática, hepatitis, erisipela y herpes. El jugo de limón ayuda a prevenir muchos padecimientos como la falta de vitalidad, la debilidad y hasta la depresión. Se recomienda también para eliminar manchas de la piel pero es necesario lavarse con jabón antes de exponerse a los rayos del sol, de lo contrario las manchas podrían empeorar. El té de hojas y flores de limón es indicado durante la convalecencia de enfermedades infecciosas y operaciones leves.

Propiedades medicinales

Contiene vitamina A, B, C y P, también fósforo, hierro, magnesio, calcio y potasio.

Propiedades místicas

El jugo de limón mezclado con agua mineral y una pizca de sal, se transforma en la mezcla perfecta para limpiar amuletos, cristales, joyas y objetos mágicos que han sido utilizados o maniobrados por otras personas, con ello se retira toda vibración, negatividad o presencia extraña que posean.

MANDARINA– *Citrus deliciosa*

Nombre en inglés	**Tangerine**
Planeta regente	**Sol**
Elemento	**Aire**
Género	**Masculino**

Es uno de los cítricos más apetecidos, sus orígenes se remontan a la antigua China y Nepal en donde fue ofrecida en la edad media como ofrenda a los Bodishatvas y a las almas luminosas que alcanzaban el Nirvana. La mandarina es un fruto que puede cosecharse tanto en los trópicos como en los países de clima frío y hasta en los desiertos, es adaptable a cualquier tipo de condición, de suelo y clima.

Gracias a su alto contenido de minerales y ácido cítrico, constituye uno de los remedios naturales más eficaces para combatir enfermedades de las vías respiratorias como la sinusitis, el asma y la rinitis crónica. También se recomienda para aliviar la inflamación e infecciones en la garganta y el paladar blando. El jugo de la mandarina se receta para curar la fiebre, los resfriados y las alergias de estación.

Propiedades medicinales
Rica en vitaminas A y C, contiene calcio, fósforo, bromo, cloro y magnesio.

Propiedades místicas
Un saquito de terciopelo rojo relleno con semillas y cáscaras secas de mandarina es portado en la cajuela del auto para ahuyentar a los ladrones y prevenir los accidentes. Un enjuague tibio con el agua de las hojas practicado a la media noche promete erradicar cualquier padecimiento nervioso.

MANGO– *Mangifera indica*

Nombre en inglés	**Mango**
Planeta regente	**Marte**
Elemento	**Fuego**
Género	**Masculino**

El mango es una de las frutas tropicales más populares, según los historiadores es originario de la India, Malasia e Indonesia, donde se ha venido cultivando desde hace más de cuatro mil años. Las mujeres de la India en sus ritos ancestrales ofrecían durante la primavera los mangos más frondosos a Lakshmi diosa de la prosperidad pidiéndole que les conservara jóvenes y hermosas. En países de América latina como México y las naciones centroamericanas se cultiva en sus más de cien variedades. Vale la pena mencionar que los mangos más grandes del mundo crecen en Escuintla una provincia del pacífico guatemalteco, en ocasiones los mangos que allí se cultivan llegan a medir casi un pie de largo.

El jugo de mango maduro actúa como un potente afrodisíaco, ayuda a prevenir padecimientos gástricos como la úlcera estomacal y la gastritis, además asiste en la digestión y en la cura de los cálculos renales. Cuando se le ingiere frecuentemente previene las enfermedades de la piel como el acné y la soriasis. La cáscara no debe ser ingerida ya que puede ocasionar desórdenes intestinales.

Propiedades medicinales
Rico en fósforo y potasio, contiene vitaminas A, C y D.

Propiedades místicas
Para alejar almas en pena y fantasmas que ronden en una casa, se recomienda quemar nueve pequeños trozos de corteza del árbol de mango, el humo y el aroma producido los alejará.

MANZANA– *Pyrus malus*

Nombre en inglés	**Apple**
Planeta regente	**Venus**
Elemento	**Agua**
Género	**Femenino**

La mayoría de versiones coinciden en señalar a la manzana como uno de los primeros frutos que conoció la raza humana, se cree que en el principio de los tiempos el árbol de manzana contenía todos los secretos de la eterna juventud, de la vida y de la muerte. Durante los festivales paganos la manzana es uno de los principales componentes en los altares dedicados a los espíritus protectores y los ancestros. La manzana es el fruto predilecto de Changó, divinidad yoruba asociada al fuego y la pasión.

La manzana es recomendada para aliviar la indigestión, constipación y acelerar el metabolismo. Las infusiones se indican para curar la fiebre, los cólicos y el catarro. El jugo de la manzana es recetado para combatir la diarrea, disentería y la indigestión. La cáscara es ampliamente utilizada en emplastos para reducir los dolores artríticos y reumáticos. Se aconseja incluirla en la dieta diaria para reducir los niveles del colesterol y reforzar los mecanismos de defensa del organismo.

Propiedades medicinales
Fuente de vitamina B y C, contiene pectina, silicio, potasio, sodio, hierro y magnesio.

Propiedades místicas
El incienso de manzana es usado para promover el amor en las parejas e impregnar el hogar de armonía. Un enjuague con agua de manzana practicado al mediodía, cura la tristeza, la melancolía y la depresión.

MARAÑÓN / ALMENDARA ANACARDO / MEREY–
Anacardium occidentale

Nombre en inglés	**Cashew**
Planeta regente	**Sol**
Elemento	**Fuego**
Género	**Masculino**

Originario de zonas tropicales y selváticas, debido a su forma y anatomía el marañón es considerado como una de las frutas más extravagantes, se cultiva mayormente en Brasil, las islas del caribe y en países de América Central como El Salvador, Guatemala, Belice y Nicaragua. Del árbol del marañón se extrae una goma con la cual se preparan inciensos purificadores, la madera se utiliza en la fabricación de pequeñas embarcaciones. En países del hemisferio norte poco se conoce la fruta, sin embargo las nueces que se extraen de las semillas son bastante populares y se les puede encontrar en cualquier supermercado. En algunas regiones también se le conoce con el nombre de anacardo.

El jugo y extracto del marañón es recetado para combatir trastornos genéricos femeninos como las infecciones uterinas y la menstruación dolorosa. Las semillas además de ser consideradas como cura para la impotencia, producen un aceite que se emplea para aliviar padecimientos de la piel como el eczema, la soriasis y las callosidades.

La fruta es muy deliciosa pero debe ser ingerida con cuidado ya que ocasiona manchas difíciles de borrar en la ropa y en la piel.

Propiedades medicinales
Contiene vitaminas B y C, hierro, sodio, potasio y magnesio.

Propiedades místicas
Antiguos sortilegios amazónicos recomendaban comer de tres a seis semillas de marañón al día para mantener la juventud y el apetito sexual. La persona que porte una semilla cruda de marañón en su bolsillo izquierdo será guiada al sitio donde se encuentra un tesoro.

MELÓN / MELÓN CHINO– *Cucumis melo*

Nombre en inglés	**Melon**
Planeta regente	**Luna**
Elemento	**Agua**
Género	**Femenino**

El refrescante melón es originario del centro de África y del sur de la India. Los babilonios comían melón para incrementar y mantener la pasión entre las parejas. Diversas tribus gitanas le consideraron como un fruto que inducía al amor. Dos mil años antes de la llegada de Jesucristo, ya se conocía al melón como una fruta popular en las costas del Mediterráneo.

El jugo de melón se recomienda como aperitivo para instigar el apetito, aliviar infecciones urinarias e inflamaciones del colon. Asimismo se receta para diluir cálculos en la vejiga y en los riñones. Se indica tomarlo en ayunas en casos de pesadez estomacal, indigestión y envenenamiento causado por mariscos descompuestos o contaminados.

Propiedades medicinales
Fuente de vitaminas A y C, además de cloro, silicio, hierro y potasio.

Propiedades místicas
Curanderos africanos frotan rodajas de melón en el cuerpo de pacientes que sufren de enfermedades inexplicables o males que no sanan por medio de la medicina convencional. El melón es considerado como el sanador de los dolientes.

MEMBRILLO / MAMONCILLO– *Cydonia vulgaris*

Nombre en inglés	Quince
Planeta regente	Saturno
Elemento	Tierra
Género	Femenino

El membrillo es originario del Asia Menor, era conocido en la antigua Grecia como uno los atributos principales de Afrodita la diosa del amor, lo mismo ocurrió años después en Roma con su equivalente Venus. Los gitanos recomendaban ingerir la fruta a las mujeres embarazadas de sus tribus con el fin que procrearan hijos fuertes y sabios en las artes adivinatorias.

El jugo y la cáscara del membrillo se utilizan para curar pequeñas infecciones en las uñas y ablandar asperezas en el área de los pies y los codos. También asiste en la desinflamación de las mucosas nasales y previene en muchos casos la rinitis. Es muy conocido en la industria alimenticia y se le puede encontrar en el mercado por medio de jaleas, dulces y sabrosas conservas. El membrillo debe ser hervido y cocinado antes de ser degustado.

Propiedades medicinales
Contiene vitaminas B, C y sustancias astringentes.

Propiedades místicas
Un pastel o un dulce de membrillo compartido por una pareja en su noche de bodas, constituye uno de los mejores rituales para asegurar la fidelidad y la felicidad de ambos por el resto de sus vidas.

MORA– *Rubus villosus*

Nombre en inglés	**Blackberry**
Planeta regente	**Venus**
Elemento	**Agua**
Género	**Femenino**

La mora fue considerada por los antiguos paganos europeos como uno de los frutos consagrados a al diosa Gea cuando daba inicio el tiempo de las cosechas, con ello se agradecían todas las bondades de la madre naturaleza. En la antigua Grecia se obsequiaba un pastel de moras a los nuevos vecinos como indicio de buena voluntad. Las frutas eran deshidratadas y pulverizadas por las mujeres egipcias quienes preparaban aceites seductores y cosméticos con el producto obtenido.

El jugo de la mora tiene diversas aplicaciones en la medicina natural, alivia enfermedades respiratorias y trastornos sanguíneos. Previene la diabetes, la anemia y promueve la producción de glóbulos rojos. También se recomienda para mitigar padecimientos como la amigdalitis y laringitis. Con las hojas se preparan ungüentos indicados para curar raspones y afecciones menores de la piel. No se recomienda comer el fruto antes de su maduración porque actúa como purgante.

Propiedades medicinales
Fuente de vitaminas B y C, contiene magnesio, fósforo, potasio, hierro y calcio.

Propiedades místicas
Las hojas y frutos secos de la mata de mora se deshidratan y se queman como incienso para inducir visiones y provocar sueños proféticos que revelen parte del futuro económico que está por venir.

NARANJA / CHINA–*Citrus sinensis*

Nombre en inglés	**Orange**
Planeta regente	**Sol**
Elemento	**Fuego**
Género	**Masculino**

Nativa de China y disfrutada por millones, la naranja está catalogada junto a la manzana, las uvas y el banano como una de las cuatro frutas más populares en el mundo entero.

De las flores de la naranja se extrae un costoso aceite popularmente conocido como Neroli, se dice que fue llamado así en honor a una princesa italiana llamada Ana María de Nerola a quien se le atribuyó tan peculiar descubrimiento a mediados del siglo XV.

El alto contenido vitamínico del jugo de la naranja actúa como remedio contra la tos, la fiebre, la visión defectuosa, la anemia, la debilidad, la gota, la gripe y la obesidad. La fruta estimula la digestión y previene el estreñimiento. La tintura es recomendada para aliviar la irritación corporal y evitar el insomnio. Con las cáscaras secas de la naranja se preparan infusiones que ingeridas en pequeñas dosis curan la indigestión y la pesadez estomacal. El aceite esencial de la naranja es indicado para calmar la depresión y la tensión nerviosa.

Propiedades medicinales
Rica en vitaminas A, B, C y P, contiene calcio, potasio, sodio, fósforo, magnesio, manganeso y zinc.

Propiedades místicas
Antiguamente en el celeste imperio al comienzo del año nuevo chino, una canasta llena de naranjas era colocada en la entrada de las casas para que la buena suerte y la felicidad abrazaran a sus habitantes.

PAPAYA / FRUTA BOMBA / LECHOSA– *Carica papaya*

Nombre en inglés	**Papaya**
Planeta regente	**Luna**
Elemento	**Agua**
Género	**Femenino**

Originaria del continente americano, la papaya se ha venido cultivando desde hace miles de años, eran populares sus propiedades curativas entre los Incas y Mayas, los Aztecas preparaban néctares de esta fruta y se los daban a beber a los guerreros cuando regresaban victoriosos de una batalla.

Actualmente es cultivada en países tropicales y exportada a todo el mundo. En las islas del pacífico se convirtió en uno de los frutos preferidos desde que se introdujo alrededor de 1870. En algunos países de Suramérica se le conoce como fruta bomba.

La papaya contiene una enzima que elimina toxinas del organismo y auxilia en la cicatrización de heridas. Se le considera de gran valor en la dieta ya que ayuda en la digestión, previene las infecciones intestinales, desacelera los procesos del envejecimiento, retrasa la aparición de las arrugas, ayuda a tonificar el cutis dándole un semblante más sano, firme y juvenil. Con las semillas se preparan pastas indicadas para aminorar manchas de la piel. Tanto el fruto como las hojas son utilizados en la industria cosmética en la preparación de jabones, cremas y aceites altamente saludables para la piel.

Propiedades medicinales
Contiene vitaminas A, B, C y D y en minerales como sodio, papaína, calcio, potasio y magnesio.

Propiedades místicas
Los médicos brujos de la América prehispánica recetaban beber diariamente un jugo de papaya para protegerse de contraer enfermedades vergonzosas y evitar la caída del cabello.

PERA– *Pyrus communis*

Nombre en inglés	**Pear**
Planeta regente	**Venus**
Elemento	**Agua**
Género	**Femenino**

Probablemente originaria de la región central de China en donde sus habitantes la cultivaban, cosechaban y consumían con frecuencia ya que se le consideraba como una de las fuentes de la eterna juventud. Dentro de las creencias yorubas, la pera es considerada el fruto predilecto del Orisha Inle el patrón de la medicina.

Ya sea por medio de su jugo o en estado natural, la pera es recetada para prevenir y contrarrestar padecimientos como la difteria, diarrea, anemia y diabetes leve. Las cáscaras son utilizadas como emplastos para aliviar los dolores artríticos y reumáticos. Una infusión preparada con peras verdes es altamente indicada para acabar con la influenza cuando se presentan los primeros síntomas. La pera es una fuente importante de fibra.

Propiedades medicinales
Contiene vitaminas B y C, además azufre, hierro, potasio y sodio.

Propiedades místicas
El árbol de la pera tiene la reputación de ser uno de los más longevos, por lo tanto se recomienda tener un trozo del tronco o pequeñas ramas diseminadas por toda la casa para que todos sus habitantes gocen de una larga vida.

PERSIMMON *Dispyros virginiana*

Nombre en inglés	**Persimmon**
Planeta regente	**Venus**
Elemento	**Agua**
Género	**Femenino**

Este exótico fruto es nativo del continente americano, los chamanes lo consideraban como símbolo de la alegría. Tribus norteamericanas como los navajo y cherokee, consumían el fruto con frecuencia y creían que éste les inspiraba sentimientos de felicidad. Aunque es ampliamente cultivado en países que gozan de las cuatro estaciones, poco se le conoce en su estado original en regiones tropicales.

El persimmon se indica principalmente para desacelerar los procesos del envejecimiento y promover el buen funcionamiento del sistema circulatorio. Son conocidas sus propiedades rejuvenecedoras en el rostro y revitalizadoras para el cabello. También se receta a las mujeres que desean salir en estado.

Propiedades medicinales
Contiene fósforo y potasio y vitaminas B y E.

Propiedades místicas
Videntes contemporáneos lo recetan como antídoto contra la depresión. Una persona que sufre de este mal si ingiere durante tres semanas seguidas un persimmon al día a la misma hora, se curará prontamente.

PIÑA– *Ananas comusus*

Nombre en inglés	**Pineapple**
Planeta regente	**Sol**
Elemento	**Fuego**
Género	**Masculino**

La piña está ligada al paisaje de islas tropicales como Hawaii, también al folclor de regiones exóticas como Tahití y Palau. Siendo nativa de las zonas tropicales fue conocida tanto por los nativos mesoamericanos como por los antiguos habitantes del África central. Los Mayas la utilizaban en sus rituales curativos y la ofrecían a Ixchel la diosa de la luna para que los protegiera durante el Uayeb, período de un calendario que consideraba cinco días de mala suerte. En algunos países se le conoce como ananás.

El jugo de la piña se recomienda para limpiar los riñones, el esófago y el intestino grueso. Resulta además un remedio efectivo contra algunos padecimientos sanguíneos como la anemia y la baja presión. El catarro, la influenza y la alergia causada por el polen de las flores pueden ser curados con el consumo moderado de este fruto. También se indica para mantener la buena salud en las encías y en los dientes. Algunas personas enfrentan reacciones alérgicas al consumir la piña por lo que se recomienda evitarla al primer síntoma ya que puede provocar náuseas, dolores de cabeza, asfixia y la aparición de ronchas en todo el cuerpo.

Propiedades medicinales

Fuente de vitaminas B y C, contiene hierro, calcio, magnesio y fósforo.

Propiedades místicas

Finas porciones de las cáscaras secas de la piña son portadas en un saquito de lino verde con el propósito de atraer más dinero a su portador. Las cáscaras frescas son colocadas en el techo y el jardín para evitar la invasión de mascotas ajenas.

SANDÍA / PATILLA / MELÓN DE AGUA– *Citrullus vulgaris*

Nombre en inglés	**Watermelon**
Planeta regente	**Venus**
Elemento	**Agua**
Género	**Femenino**

La sandía es originaria del continente africano, fue una de las primeras frutas introducidas al nuevo mundo durante la época de la conquista. Es la fruta ofrecida por excelencia en los rituales y ofrendas dedicados a Yemayá, deidad yoruba que rige las aguas del mar y la maternidad. En el antiguo Egipto el jugo del fruto era consagrado a Set, dios protector de la atmósfera.

Es ampliamente recetada para aminorar padecimientos de las vías urinarias, limpia y refresca los riñones, se recomienda para aliviar inflamaciones de la próstata y la vejiga.

Por su alto contenido de agua y bajo contenido de azúcar, constituye uno de los elementos indispensables en las dietas para bajar de peso. El jugo de la sandía previene la deshidratación e insolación por lo que se recomienda consumirlo con frecuencia durante los meses del verano.

Propiedades medicinales
Rica en vitaminas A, B y C, contiene calcio, silicio, hierro, fósforo y yodo.

Propiedades místicas
Se cree que un enjuague con agua de sandía protege contra la envidia, las intrigas y los hechizos de amor. Se le añade agua de mar y una pizca de arena para que la pócima actúe con mayor eficacia.

TAMARINDO– *Tamarindus indica*

Nombre en inglés	**Tamarind**
Planeta regente	**Saturno**
Elemento	**Agua**
Género	**Femenino**

Es un fruto nativo del Oeste de la India, se cree que se fue diseminando por si solo en todo el continente asiático hasta llegar a Europa Oriental y a las costas del norte de África. Los caldeos utilizaban el tamarindo durante la práctica del exorcismo. Actualmente es cultivado en los cinco continentes y el refresco elaborado con su pulpa es muy popular en países de Latinoamérica, especialmente en las regiones tropicales.

En la medicina natural tiene diversas aplicaciones, se utiliza principalmente para aliviar inflamaciones en el intestino delgado, para regular la secreción de la bilis, descongestionar el hígado, calmar las náuseas y evitar el vómito. También se recomienda para inducir el apetito, evitar la insolación y agilizar la memoria. El jugo concentrado se usa para sanar el pie de atleta y los hongos en los pies.

Propiedades medicinales

Fuente de vitaminas B y C, contiene potasio, magnesio y sodio.

Propiedades místicas

Al mudarse a un nuevo domicilio, se aconseja esparcir tamarindos por todas las habitaciones y corredores de la casa una noche antes de efectuar el traslado de las pertenencias, con ello se asegura la preservación de la unidad y armonía familiar y especialmente el crecimiento económico.

TORONJA– *Citrus paradisi*

Nombre en inglés	**Grapefruit**
Planeta regente	**Sol**
Elemento	**Agua**
Género	**Masculino**

La toronja es originaria de la India y la Isla de Borneo, es una fruta altamente conocida en todo el mundo y cuenta con más de cuarenta variedades. En Indonesia se le consideraba en el pasado como el remedio eficaz para contrarrestar padecimientos genéricos masculinos. Actualmente el país que produce la mayor cantidad de toronjas es Estados Unidos.

El jugo de la toronja como el de otros frutos cítricos es indicado para curar la tos, bajar la fiebre, aumentar las defensas del organismo, prevenir deficiencias hepáticas, prostatitis y afecciones renales. También es altamente recomendada para combatir la obesidad, la gordura y los desórdenes del apetito como la bulimia e inapetencia. Muchos la reconocen como un apoyo sustancial cuando se quiere bajar de peso.

Propiedades medicinales
Contiene vitaminas A y C, contiene además fósforo, calcio, potasio, hierro y magnesio.

Propiedades místicas
Un puñado de cáscaras y semillas secas de la toronja son portadas en un saquito de tela blanca para contar con protección en casos de corte y lograr un veredicto favorable.

UVA– *Vitis vinifera*

Nombre en inglés	**Grape**
Planeta regente	**Luna**
Elemento	**Agua**
Género	**Femenino**

En su infinidad de variedades, la uva junto a la manzana es quizá una de las frutas más antiguas del planeta, es mencionada desde los pasajes bíblicos (Isaías 5:2, Jeremías 8:13, Mateo 7:16 y Revelaciones 14:18) hasta en las antiguas historias de los faraones egipcios.

En la antigua Roma las uvas eran consideradas el fruto sagrado ofrecido a Baco o Dionisio el dios de la vid.

Las uvas son recetadas para tratar padecimientos del estómago y el hígado. El fruto es considerado uno de los remedios más eficaces contra la constipación, los cólicos y la mala digestión. También se dice que cura la fiebre y se receta a personas convalecientes. De la fermentación de las uvas de mayor calidad se produce el vino, una de las bebidas más populares y añejas de la historia, los científicos recomiendan tomar una copa de vino al día para preservar la buena salud, agilizar la memoria y alargar la vida. Los vinos más exquisitos se producen en Italia, Portugal, Francia y Chile.

Propiedades medicinales

Contiene vitamina A, B, C y E, además magnesio, potasio, cloro, hierro y sodio.

Propiedades místicas

Las uvas son frecuentemente incluidas en la fabricación de altares ofrendados a Demeter o Ceres la diosa de las cosechas. Se recomienda plantar una mata de uvas en la casa para incrementar la atracción del dinero y multiplicar los bienes materiales.

ZAPOTE / MAMEY / CANISTEL / LECHOSA– *Achras sapota*

Nombre en inglés	**Sapota**
Planeta regente	**Venus**
Elemento	**Aire**
Género	**Femenino**

Los nativos mesoamericanos conocían muy bien las propiedades curativas del zapote, en sus rituales religiosos los Mayas lo ofrendaban a Chac Mool dios de la lluvia, lo mismo hacían los aztecas con Tlaloc. Las nativas ofrecían a sus prometidos antes de casarse el jugo de la fruta, simbolizando la fidelidad que les guardarían el resto de sus vidas.

Considerado como una fruta exótica, el zapote es recomendado principalmente para aliviar afecciones del aparato digestivo como las úlceras estomacales y la gastritis. Se receta para ayudar a eliminar los parásitos y lombrices intestinales. Las personas con estómago débil o delicado, encuentran en el consumo del zapote un alivio a sus padecimientos. Es considerado como uno de los remedios naturales en la cura del acné. En algunos países como en México a esta fruta se le conoce como mamey.

Propiedades medicinales

Contiene hierro, fósforo y potasio y vitaminas B, C y E.

Propiedades místicas

Con la semilla del zapote y el tallo seco de los girasoles, se preparan amuletos que protegen de los ataques psíquicos, la brujería y la magia negra.

CAPÍTULO 3

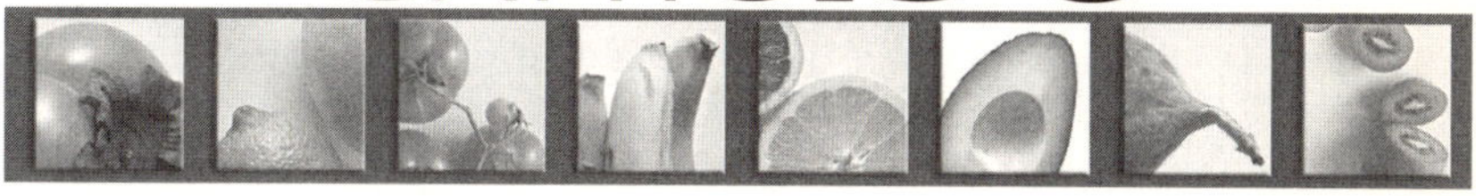

Vegetales

Frondosos, apetitosamente saludables, oasis de la eterna juventud, así podemos definir a los vegetales, muchos de los cuales proceden en forma preventiva ante enfermedades tan terribles como la osteoporosis y el cáncer. Los vegetales son poseedores de innumerables secretos naturales que han sido descubiertos por la ciencia a través del tiempo y las investigaciones de eruditos naturistas. Sin embargo desde hace miles de años atrás se han venido empleando con fines tanto medicinales, como contemplativos y estéticos. Las legendarias Cleopatra y Nefertiti han sido acreditadas por herencia histórica como las grandes precursoras de las más añejas ceremonias de belleza y seducción en las que se utilizaron como materia prima la riqueza natural de la remolacha entre otros elementos orgánicos.

En la América prehispánica el tomate fue consagrado en ofrenda a Quetzalcoatl, Kukulkan y Chasca, deidades equivalentes de Venus en las tres civilizaciones más sobresalientes.

Los vegetales juegan un papel de primer orden en la dieta diaria, por su alto contenido de vitaminas, nutrientes y minerales esenciales para el mantenimiento de un peso adecuado y la buena salud en general. Los vegetales, legumbres o verduras como solemos llamarlos son la fontana de la vitalidad y en este capítulo los analizaremos como tal, además indagaremos en los mitos que resguardan y en los propósitos mágicos para los que han sido empleados de generación en generación.

ACEITUNA– *Olea europaea*

Nombre en inglés	**Olive**
Planeta regente	**Sol**
Elemento	**Fuego**
Género	**Masculino**

El árbol productor de aceitunas u olivos es originario del Medio Oriente, el aceite de oliva según antiguos escritos es el aceite más antiguo del mundo, fue usado en tiempos ancestrales como el combustible de primitivos quinqués. En tiempos de la antigua Grecia el olivo fue consagrado a Palas Atenea después que resultó vencedora de una disputa frente a Poseidón, al ganarle la contienda de hacer brotar de la tierra misma el elemento más útil para la humanidad; Poseidón creó un caballo y Atenea el olivo, por ello obtuvo como premio que la capital de Grecia llevara su nombre. Hoy en día el aceite de oliva de mejor calidad en el mundo se produce en España.

El aceite de oliva es considerado como la fuente de la juventud y la longevidad. Se recomienda disfrutarlo a diario, añadiéndolo a las verduras y a la mayoría de platillos que le combinen. Es magnífico revitalizador de la dermis y el cabello, lubrica la flora intestinal, nutre la piel, aminora los riesgos de contraer trastornos óseos, previene las afecciones de la vista, los trastornos de las vías respiratorias y reduce las probabilidades de sufrir un infarto.

Propiedades medicinales
Contiene vitaminas A, B y C, hierro, sodio y potasio.

Propiedades místicas
Tres hojas deshidratadas del olivo se queman en forma de incienso cada fin de mes con el firme propósito de brindar abundancia económica para el mes entrante. Muchos videntes frotan sus manos con aceite de oliva antes de emprender un trabajo de limpieza espiritual.

AJO– *Allium sativum*

Nombre en inglés	**Garlic**
Planeta regente	**Marte**
Elemento	**Fuego**
Género	**Masculino**

Según datos históricos la primera ocasión en la que se recetó el ajo sucedió allá por el año tres mil antes de Cristo. También forma parte en el Papiro Ebers, el libro de medicina más viejo del mundo. En Babilonia fue utilizado como medio para comunicarse con los espíritus. Actualmente es conocido en todas las culturas tanto en medicina natural como en las artes culinarias.

El ajo al ser injerido naturalmente aumenta las defensas naturales del organismo, reduce los niveles del colesterol, ayuda a reducir los altos niveles de azúcar en la sangre y previene los ataques cardíacos. Su jugo constituye el antídoto indicado para combatir los parásitos y las infecciones digestivas como la disentería y la gastroenteritis, también se utiliza como medicina preventiva contra la arteriosclerosis. El ajo puede ser ingerido alternativamente a través de píldoras.

Propiedades medicinales
Fuente de vitaminas B y C, también contiene fósforo, potasio y azufre.

Propiedades místicas
Los racimos con nueve cabezas de ajo son colgados y utilizados para alejar a los malos espíritus, en Babilonia se esparcía polvo de ajo en la entrada de las viviendas para detener la entrada de entes malignos. Se cree que es de buena suerte para las finanzas del hogar contar siempre con varias cabezas de ajo en la despensa.

AJONJOLÍ– *Sesamum orientale*

Nombre en inglés	**Sesame**
Planeta regente	**Sol**
Elemento	**Fuego**
Género	**Masculino**

El ajonjolí es nativo del continente asiático y se le ha venido cultivando desde hace más de treinta siglos, hizo su primera aparición en el continente americano en las últimas décadas del siglo XVII. La peculiar frase *ábrete sésamo* proviene de la antigua creencia que el ajonjolí o sesame como se le conoce en inglés es la planta ideal para romper cualquier barrera que se interponga entre nosotros y el éxito.

Desde hace un par de siglos se le viene considerando como un remedio natural para bajar los altos niveles del colesterol, evitar padecimientos estomacales como úlceras, gastritis, acidez frecuente y aminorar la inflamación intestinal. Su consumo moderado se recomienda para ayudar a mantener el peso adecuado.

Propiedades medicinales
Contiene vitaminas A y B, hierro y potasio.

Propiedades místicas
Un recipiente de cristal se rellena con semillas de ajonjolí y se coloca en la cocina para atraer prosperidad. El ritual promueve que el dinero llegue con mayor frecuencia y abundancia. Quien porte siete semillas de ajonjolí en su billetera durante un año será guiado al sitio en donde se encuentra un tesoro.

ALCACHOFA– *Cynara scolymus*

Nombre en inglés	**Artichoke**
Planeta regente	**Marte**
Elemento	**Fuego**
Género	**Masculino**

La alcachofa es un vegetal originario de las islas del Mediterráneo, se estima que se viene cultivando desde hace más de tres mil años tanto en Chipre como en la islas Baleares y Sicilia. Según un antiguo mito griego, alcachofa era una mujer privilegiadamente hermosa, seductora y capaz de volver loco a cualquier mortal, entonces un día un hechicero se enamoró perdidamente de ella y al ser rechazado lanzó sobre ésta una infame maldición que la convirtió en vegetal por el resto de su existencia.

La alcachofa es reconocida como el manjar de las mentes brillantes, se cree que aumenta la inteligencia y acelera los procesos cerebrales cuando se le consume al menos dos veces por semana. También son conocidas sus propiedades para prevenir trastornos renales y padecimientos hepáticos.

Propiedades medicinales
Contiene vitaminas A, B y C, además calcio, fósforo, hierro y potasio

Propiedades místicas
Seis alcachofas frescas son envueltas en un trozo de tela blanca el cual se frotará por todo el cuerpo de una persona que esté sufriendo de ansiedad excesiva, angustia y mala suerte, finalmente se entierran en el camposanto.

ALGAS MARINAS / ALGAS– *Glacilaria gelidium*

Nombre en inglés	**Seaweed**
Planeta regente	**Venus**
Elemento	**Agua**
Género	**Femenino**

Los poderes nutritivos de las algas marinas fueron descubiertos primeramente por los habitantes de las islas de Okinawa. Fue tanta la influencia que ejercieron en la cultura nipona que cuando iniciaba un nuevo año, las ofrendaban en grandes cantidades a las deidades del amor para que así derramasen sobre ellos luminosos destellos de dicha y felicidad.

Las algas marinas son altamente apreciadas por la industria cosmética, con ellas se preparan píldoras, cremas, ungüentos, mascarillas y una gran variedad de productos fabricados especialmente con el propósito de promover el rejuvenecimiento y la buena salud de la piel. Al consumirlas periódicamente asisten como agente auxiliar en la lucha contra el sobrepeso.

Propiedades medicinales
Rica en vitaminas A, B, C y E. También contiene hierro, potasio y fósforo.

Propiedades místicas
Cuando cambie de domicilio, dos noches antes de comenzar a habitar su nueva morada, entierre en el jardín nueve algas marinas y así mantendrá el hogar libre de hechizos y espíritus burlones.

APIO– *Apium graveolens*

Nombre en inglés	**Celery**
Planeta regente	**Mercurio**
Elemento	**Fuego**
Género	**Masculino**

En tiempos de la antigua Roma el apio fue utilizado principalmente como afrodisíaco tanto por varones ansiosos como por féminas sensuales que deseaban entregarse y gozar de las delicias del amor. Por siglos se mantuvo la creencia que el apio constituía parte esencial de la dieta alimenticia de los dioses del Olimpo, especialmente del guerrero Ares y el mensajero Hermes.

La infusión de apio es recetada para aliviar los dolores reumáticos y asistir en la curación de la cistitis y uretritis. La tintura se ha venido empleando para calmar la tensión y los estados depresivos. Se incluye el apio en la dieta diaria para aumentar las defensas del organismo y prevenir futuros padecimientos del hígado.

Propiedades medicinales

Contiene vitaminas A, C y E, además hierro, sodio, cloro y magnesio.

Propiedades místicas

Los chamanes antiguos antes de llevar a cabo una limpia espiritual, masticaban hojas de apio para protegerse de no captar en su ser la mala influencia que despojarían de sus clientes.

BERENJENA– *Solanum melongena*

Nombre en inglés	**Eggplant**
Planeta regente	**Júpiter**
Elemento	**Tierra**
Género	**Masculino**

Las primeras berenjenas que se conocieron en la antigüedad fueron cultivadas en el norte del Celeste Imperio, ya para el año 200 antes de Cristo se había extendido su cultivo por todo el continente asiático y los territorios que comprendía el imperio romano. Magos y videntes de todos los tiempos han asociado a la berenjena con pócimas y rituales para atraer la buena fortuna.

La berenjena se ha venido recetando naturalmente como remedio contra la anemia y la mayoría de padecimientos sanguíneos. Al comerla con frecuencia ya sea en sopas, cocidos o platillos vegetarianos, reduce los riesgos de contraer la diabetes. También se recomienda para aminorar la tensión nerviosa y desvanecer la ira compulsiva.

Propiedades medicinales

Contiene vitamina B y C, cloro y potasio.

Propiedades místicas

Para verse libre de un cruzamiento o maleficio enviado en su contra, coloque dos berenjenas frescas partidas en cruz debajo de su cama durante nueve días y de esa manera logrará que la mala energía sea devuelta a su lugar de origen.

BERRO– *Nasturtium officinale*

Nombre en inglés	**Watercress**
Planeta regente	**Marte**
Elemento	**Tierra**
Género	**Masculino**

Griegos, romanos y persas coincidieron en adjudicarle propiedades milagrosas que hacían a los enfermos mentales recuperarse de tan grave condición después de comer berro diariamente por un par de meses. Los científicos echaron por tierra esta creencia, considerándola totalmente absurda, sin embargo los más aventureros aun continúan con esta práctica en sus tratamientos aunque la misma se lleva a cabo en el más completo hermetismo.

Por su alto contenido de hierro y otros minerales, el berro es recomendado como purificador sanguíneo, previene la anemia, asiste en la convalecencia de un buen número de enfermedades crónicas y desintoxica el aparato digestivo. En recientes estudios naturistas se le ha considerado como un gran aliado en la prevención de la leucemia y el cáncer del seno.

Propiedades medicinales
Contiene vitaminas A, B y C, hierro, calcio y fósforo.

Propiedades místicas
Las hojas frescas de berro son empleadas por curanderos para eliminar las enfermedades oculares y curar el temido mal de ojo. Siete hojas deshidratadas de berro se portan en la billetera para salir airoso en una entrevista de trabajo.

BRÓCOLI– *Brassica spp.*

Nombre en inglés	**Broccoli**
Planeta regente	**Luna**
Elemento	**Agua**
Género	**Femenino**

El brócoli es originario del sur de Europa, se cree que llegó al continente americano alrededor de 1670, sin embargo algunos historiadores hacen referencia que una variedad del brócoli ya crecía en forma silvestre en el territorio que ahora se conoce como nueva Inglaterra y en la Isla de Terranova. En algunos países se le conoce con los nombres de brécol y brécoles.

Se recomienda incluirlo en la dieta diaria para reforzar las defensas orgánicas, prevenir el sobrepeso, mantener la buena salud de los dientes, evitar padecimientos de la sangre y los huesos, prevenir la formación de cálculos en los riñones y la vejiga, además reduce los riesgos de contraer anemia. Se ha determinado que posee propiedades anti-cancerígenas.

Propiedades medicinales
Rico en vitamina C, hierro, magnesio, fósforo y sodio.

Propiedades místicas
Consuma una buena cantidad de brócoli en día lunes y procure visualizarse sano, fuerte y feliz mientras lo disfruta, con ello logrará místicamente que ningún padecimiento físico, mental o emocional le alcance.

CALABAZA / AYOTE / AUYAMA– *Curcubita pepo*

Nombre en inglés	**Pumpkin**
Planeta regente	**Luna**
Elemento	**Tierra**
Género	**Femenino**

En uno de los cuentos de hadas más populares de todos los tiempos se cuenta la historia de una calabaza que era convertida en un pomposo carruaje con la ayuda de la varita mágica que poseía un hada madrina. A la calabaza desde hace más de cinco mil años se le ha venido asociando a la época de las cosechas y es aun en nuestros días ofrecida a las almas de los difuntos que retornan a la tierra cada 2 de noviembre. La calabaza constituye uno de los elementos naturales ofrendados a Oshún, la Venus de los Yorubas.

Es generalmente utilizada para la eliminación de parásitos y toxinas. Su consumo es indicado para mantener el buen funcionamiento renal evitando la acumulación de arenillas que producen los cálculos. Por su alto contenido de fósforo se recomienda para agilizar la memoria y reforzar la inteligencia.

Propiedades medicinales

Contiene vitaminas B y C, hierro, calcio, fósforo y potasio.

Propiedades místicas

Una calabaza fresca de buen tamaño es ofrendada a la orilla de un arroyo durante la víspera de la primavera (20–21 de marzo) para fomentar la abundancia material en los meses venideros y atraer un amor apasionado.

CEBOLLA– *Allium cepa*

Nombre en inglés	**Onion**
Planeta regente	**Marte**
Elemento	**Fuego**
Género	**Masculino**

Según narran los historiadores, las grandes pirámides de Egipto: Keops, Efrén y Miserino, fueron construidas por esclavos que eran alimentados básicamente con granos, ajos y cebollas. Se cree que la cebolla es originaria del norte de África, sin embargo los colonizadores franceses e ingleses encontraron sembradíos dispersos de una variedad de cebollas silvestres en el territorio que ahora comprenden los estados del sur de Canadá y el norte de Estados Unidos.

Al consumir cebolla con frecuencia se previenen afecciones menores como gripes, resfriados, influenza y alergias de estación. Es benéfica para mantener el funcionamiento saludable del corazón, previene la inflamación de las mucosas, asiste en la curación de trastornos respiratorios y elimina la flema. Muchos le consideran como un potente afrodisíaco capaz de curar la impotencia.

Propiedades medicinales
Contiene vitaminas A, B y C, además azufre, hierro, calcio y potasio.

Propiedades místicas
En la antigüedad la cebolla era consumida diariamente en cantidades moderadas por aquellas mujeres que no lograban salir en cinta, también los hombres que pasaban su quinta década de vida la usaban para mantener la virilidad.

CILANTRO / RECAO– *Coriandrum sativum*

Nombre en inglés	**Coriander**
Planeta regente	**Marte**
Elemento	**Fuego**
Género	**Masculino**

Resulta muy curioso el hecho que en los sarcófagos de algunas momias egipcias se han encontrado semillas de cilantro, es probable que los egipcios al igual que los antiguos naturistas chinos tuvieran la creencia que éste les ayudaría a alcanzar la inmortalidad. Según algunos historiadores el cilantro es originario de la zona que delimita la frontera entre Siria y Líbano.

El cilantro es considerado como un auxiliar digestivo suave, ayuda a prevenir trastornos intestinales y promueve el buen apetito. También se emplea para eliminar infecciones que pueden desarrollarse en rasguños y heridas leves. Un singular número de usuarios del cilantro indican que éste ayuda a bajar los niveles de azúcar y colesterol en la sangre. Actualmente se receta para prevenir la diabetes.

Propiedades medicinales
Contiene vitamina B, hierro, yodo y magnesio.

Propiedades místicas
En siglos pasados se tenía la creencia que las mujeres embarazadas que le añadieran cilantro a sus comidas traerían al mundo a niños dotados de una inteligencia extraordinaria. Se recomienda una limpia con hojas de cilantro para desvanecer la depresión causada por una ruptura sentimental.

COLIFLOR– *Brassica botrytis*

Nombre en inglés	**Cauliflower**
Planeta regente	**Luna**
Elemento	**Agua**
Género	**Femenino**

En los tiempos del imperio romano la coliflor era consumida en cantidades regulares para evitar la intoxicación por el alcohol, especialmente por aquellos que participarían en los festivales en honor a Baco o Dionisio. En la antigua Grecia se ofrendaba al inicio del otoño un ramo de coliflor a Ceres la diosa de las cosechas llegado el tiempo en el que la deidad iba al encuentro de su hija Perséfone.

Es comúnmente recetada para eliminar el sobrepeso ya que contiene los nutrientes necesarios que requiere el organismo cuando se sigue el proceso de una dieta. El puré de coliflor constituye uno de los mejores remedios naturistas para eliminar paulatinamente las arrugas cuando se aplica directamente a la piel. También es recetada para asistir el tratamiento contra los padecimientos de la vejiga y los riñones.

Propiedades medicinales
Contiene vitaminas B, C y E, además calcio, silicio y potasio.

Propiedades místicas
Una pequeña porción de coliflor se porta discretamente en el bolsillo o en el portafolio para contar con buena suerte y fomentar la simpatía en un nuevo trabajo o cuando se ha de solicitar un aumento de sueldo.

CHAMPIÑONES / HONGOS– ***Funga***

Nombre en inglés	**Mushroom**
Planeta regente	**Saturno**
Elemento	**Tierra**
Género	**Masculino**

Los champiñones son una variedad comestible de los hongos y aunque carecen de agentes alucinógenos, también han sido utilizados en ceremonias y rituales dedicados a la meditación y observación del futuro. Los champiñones, su forma y peculiar aparición han inspirado a muchos escritores a incluirlos como personajes en famosos cuentos e historias de hadas. En la antigüedad únicamente los nobles y los hombres de alto rango podían comerlos, estaban prohibidos para el vulgo.

En recientes estudios realizados en los laboratorios se ha descubierto que los champiñones tienen propiedades anti-cancerígenas, por lo que se recomienda incluirlos periódicamente a ensaladas y otros platillos. Al consumirlos con frecuencia se estarán previniendo un sin fin de futuras enfermedades como la osteoporosis, el cáncer de próstata, tumores en la matriz y la mayoría de tumores cancerosos.

Propiedades medicinales

Contiene vitaminas B y C, además calcio, fósforo y hierro.

Propiedades místicas

Cuando precise reforzar la protección psíquica interna y desee al mismo tiempo tener visiones que le revelen episodios futuros, únicamente añádale champiñones a su comida a la hora de la cena.

CHAYOTE / GÜISQUIL / PATASTE / ZAPALLO / TAYÓN– *Cucúrbita spp*

Nombre en inglés	**Squash**
Planeta regente	**Mercurio**
Elemento	**Tierra**
Género	**Masculino**

El chayote se ha venido cosechando en el continente americano desde hace más de cinco mil años. En la cultura maya a las mujeres que les era difícil quedar en cinta, el chamán de la aldea les preparaba un emplasto elaborado con trozos de chayote el cual les era esparcido en el vientre, con ello se imploraba la providencia de los dioses de la fecundidad. En algunas regiones de América central al chayote se le conoce como huisquil.

El chayote es recetado en dietas para bajar de peso, actúa como purificador de la sangre y previene padecimientos menores como el catarro y la influenza. Su riqueza en vitaminas y minerales le convierte en un vegetal muy solicitado por los vegetarianos. Su consumo frecuente reduce en gran medida los riesgos de contraer artritis y arteriosclerosis.

Propiedades medicinales
Contiene vitamina C, magnesio y potasio.

Propiedades místicas
Los médicos brujos precolombinos solían colocar un collar fabricado con trozos de chayote en el cuello de sus pacientes para procurar la curación de enfermedades graves. Actualmente este rito continúa practicándose. El collar se fabrica con trozos en forma de cuadros unidos con hilo para pescar.

CHILE / CHILE DE ÁRBOL– *Capsicum annum*

Nombre en inglés	**Chili pepper**
Planeta regente	**Marte**
Elemento	**Fuego**
Género	**Masculino**

En su infinidad de variedades el chile o ají como le conocen en algunas naciones del sur, se ha venido cultivando en el continente americano desde hace más de setenta siglos. Los Mayas en sus rituales de purificación y exorcismos quemaban las semillas deshidratadas y con ello aseguraban que los malos espíritus eran devueltos a su lugar de origen.

El chile es considerado como el ingrediente indispensable de la apetitosa y popular comida mexicana.

El consumo moderado del chile o ají mantiene al organismo libre de impurezas, promueve el buen apetito, relaja el sistema nervioso, previene la indigestión y cura las migrañas. Las compresas se indican para aminorar dolores reumáticos y ayudar a eliminar moretes. El aceite esencial es recomendado para masajear las áreas afectadas por la artritis y la gota. También se le considera como aliado de la virilidad.

Propiedades medicinales
Contiene vitamina C, hierro y potasio.

Propiedades místicas
Un poco de chile o ají pulverizado se esparce afuera de la casa para contrarrestar las malas vibraciones que puede haber dejado una visita poco grata. Doce chiles se colocan en el techo de la casa en la víspera del año nuevo para atraer la buena fortuna durante los doce meses del año.

ESPÁRRAGOS– *Asparagus officinalis*

Nombre en inglés	**Asparagus**
Planeta regente	**Marte**
Elemento	**Fuego**
Género	**Masculino**

Los espárragos son originarios de la región norte de Asia central, los mercaderes de especias los introdujeron en Europa alrededor del año 1245 y fue así como prontamente comenzaron a cultivarse desde la península ibérica hasta el sur del continente Africano.

Las flores de los espárragos son frecuentemente solicitadas como ingrediente principal en las ceremonias dedicadas a los espíritus protectores.

Uno de los principales remedios que encontraron los antiguos naturistas para estimular el crecimiento en niños y jóvenes de baja estatura fue el consumo diario de espárragos a la hora del almuerzo. Actualmente esta práctica se sigue dando, además se recetan como purificadores de las vías urinarias y asisten en la cura de la cistitis.

Propiedades medicinales
Contiene vitaminas B y C, hierro, potasio y yodo.

Propiedades místicas
Los espárragos frescos son utilizados para restaurar y reforzar la buena energía de amuletos, fetiches, reliquias y talismanes. Se procede con esta práctica durante los solsticios y equinoccios.

ESPINACAS– *Spinacea oleracea*

Nombre en inglés	**Spinach**
Planeta regente	**Júpiter**
Elemento	**Tierra**
Género	**Masculino**

Las espinacas son nativas de la antigua Persia, territorio que ahora comprende Irán. Allá por el año 1450 se cree que fue llevada a Europa por los mercaderes de especias. Durante siglos se le han adjudicado grandes atributos que contribuyen al mantenimiento de la buena salud. En una de las tiras cómicas más populares de todos los tiempos, las espinacas eran como el elixir que le brindaba gran potencia y musculatura exuberante al héroe de tan afamadas historietas.

El consumo periódico de espinacas refuerza el sistema inmunológico, limpia la sangre, tonifica los músculos, combate la celulitis, desintoxica el aparato digestivo, le brinda una tonalidad atractiva al cutis y previene la anemia. El jugo de espinacas constituye la poción indicada para reponerse rápidamente durante la convalecencia de una enfermedad.

Propiedades medicinales
Contiene vitaminas A, B y C, hierro, fósforo, calcio y yodo.

Propiedades místicas
Diecisiete hojas frescas de espinaca se esparcen debajo de la cama de un enfermo con el fin de fomentar una rápida recuperación. El ritual se lleva a cabo durante una semana y las hojas deben ser cambiadas todos los días justo al mediodía. Las hojas que se van desechando deben ser enterradas.

LECHUGA– *Lactuca sativa*

Nombre en inglés	**Lettuce**
Planeta regente	**Luna**
Elemento	**Agua**
Género	**Femenino**

En tiempos de la antigua Babilonia, la lechuga era ofrendada a Marduk el rey de los dioses con el propósito de alcanzar de él favores divinos, se creía que Marduk dormía en un lecho gigante fabricado exclusivamente con lechugas frescas. En Egipto podía ser degustada únicamente por el faraón y su corte. Actualmente este vegetal es uno de los colaboradores más cercanos del rejuvenecimiento.

La lechuga es uno de los vegetales más solicitados en ensaladas y platillos vegetarianos, gracias a su alto contenido de vitaminas es saludable para el mantenimiento de la buena salud de la piel y juventud del rostro, mantiene bajos los niveles del colesterol, ayuda a eliminar las toxinas y la grasa excesiva del organismo. Se le considera como un exquisito aperitivo.

Propiedades medicinales
Rica en vitaminas A, B y C, hierro, sodio, potasio y calcio.

Propiedades místicas
El enjuague tibio con una infusión fresca de hojas de lechuga es recomendado para eliminar el estrés y la ansiedad provocada por altibajos financieros, además funciona como ritual de suerte para los que andan en busca de una mejor oportunidad laboral.

MAÍZ / JOJOTO– *Zea mays*

Nombre en inglés	**Corn**
Planeta regente	**Venus**
Elemento	**Tierra**
Género	**Femenino**

El maíz constituyó una de las bases fundamentales de la dieta diaria de los nativos del continente americano, los Mayas le llamaban *milpa* palabra que hasta el son de hoy se continúa utilizando en México y algunos países de Centroamérica. Según algunos historiadores el maíz es originario del nuevo mundo, pero otros afirman que sus verdaderos orígenes se encuentran ocultos en el fondo del mar junto al continente desaparecido de la Atlántida.

Las bebidas elaboradas de maíz se recomiendan para curar el estómago débil, limpiar los intestinos y evitar los trastornos hepáticos. El consumo frecuente de los granos del maíz le brindan a la piel mayor elasticidad y tersura gracias a sus propiedades emolientes, también refuerza la visión y previene padecimientos oculares.

Propiedades medicinales
Contiene vitaminas A, B y E, calcio, fósforo, cloro y magnesio.

Propiedades místicas
Para mejorar las finanzas del hogar y promover la prosperidad muchos videntes recomiendan colgar frente a un espejo un pequeño saco relleno de granos de maíz, si se combina el maíz blanco con el rojo el ritual funciona con mayor eficacia.

PAPA– *Solanum tuberosum*

Nombre en inglés	**Potato**
Planeta regente	**Luna**
Elemento	**Tierra**
Género	**Femenino**

La papa o patata es originaria del continente americano, específicamente de la zona que ahora comprende el Perú. Se cree que fue uno de los colaboradores de Francisco Pizarro quien la introdujo en España y prontamente se difundió su cultivo en toda Europa. A pesar de los altibajos que sufrió su popularidad en el siglo XVIII, continuó propagándose por los demás continentes hasta que logró convertirse en uno de los ingredientes esenciales de la gastronomía internacional.

La papa es considerada como un ingrediente básico de la dieta diaria para mantener la buena salud y la vitalidad, gracias a que es una fuente rica en almidón y vitaminas, mantiene saludables las mucosas y los fluidos corporales. Reduce las posibilidades de contraer diabetes, hipertensión, úlceras estomacales y la colitis. Estimula el crecimiento de los músculos y sirve de apoyo cuando se quiere subir de peso.

Propiedades medicinales

Contiene vitaminas A, B y C, potasio, magnesio, cloro y fósforo.

Propiedades místicas

Cuando sienta que le están ocultando un secreto y no encuentra la manera de saber la verdad, entonces coloque debajo de su cama nueve papas formando un triángulo y en un sueño se revelará la situación que desea descubrir.

PEPINO– *Cucumis sativus*

Nombre en inglés	**Cucumber**
Planeta regente	**Luna**
Elemento	**Agua**
Género	**Femenino**

Durante la celebración de rituales africanos ancestrales, los participantes que llegaban a la edad adulta eran cubiertos de pies a cabeza con las cáscaras de pepino con la finalidad de augurarles una vida próspera llena de abundancia material y espiritual. Hoy en día el pepino se cuenta en la lista de aliados de la industria dedicada a la belleza y la salud.

Es uno de los vegetales más recetados para bajar de peso, tiene propiedades emolientes que ayudan a conservar una piel fresca y lozana. Limpia la sangre y ayuda a desintoxicar el sistema digestivo. Se le considera uno de los promotores para el buen funcionamiento del hígado y los riñones. Es reconocido como un cosmético natural que estimula el rejuvenecimiento del cutis. Es recomendable ingerirlo con todo y la cáscara.

Propiedades medicinales
Contiene vitaminas B, C y E, hierro, calcio, fósforo y silicio.

Propiedades místicas
Con las semillas deshidratadas del pepino se fabrican talismanes que protegen contra la magia negra. Deposite discretamente tres de estas semillas en su billetera y el dinero nunca le faltará.

PEREJIL– *Petroselinum sativum*

Nombre en inglés	**Parsley**
Planeta regente	**Mercurio**
Elemento	**Aire**
Género	**Masculino**

En la antigua Roma se tenía la creencia que portar consigo un ramo de perejil o frotarse la frente con el mismo, protegía a su usuario del espíritu de la muerte y de los entes malignos. Los celtas lo añadían a las comidas evitando así que fueran contaminadas por los insectos o por el efecto de las altas temperaturas de los meses veraniegos.

El perejil es ampliamente recetado para promover el crecimiento del cabello, evitar la alopecia y la calvicie. Su consumo moderado ayuda a reforzar las defensas del organismo, previene los trastornos óseos y contribuye al mantenimiento de un aliento agradable. Los emplastos son frecuentemente utilizados para borrar estrías y aminorar la celulitis.

Propiedades medicinales

Rico en vitaminas A y C, además contiene hierro, sodio, potasio, magnesio y calcio.

Propiedades místicas

Ocho ramos de perejil colocados en un florero con agua mineral, actúan como el mejor amuleto de buena suerte para atraer clientes a un negocio, especialmente a un restaurante.

RÁBANO– *Raphanus sativus*

Nombre en inglés	**Radish**
Planeta regente	**Marte**
Elemento	**Fuego**
Género	**Masculino**

En la antigüedad los rábanos eran considerados como guardianes de los hogares en contra de las plagas y los insectos. Durante la época medieval los espadachines un día antes de entrar al campo de batalla, se daban un baño con una pócima preparada con las hojas de los rábanos y de esa forma creían protegerse de las espadas enemigas.

El rábano tiene propiedades cicatrizantes que ayudan a eliminar imperfecciones de la piel. Por su basto contenido de vitaminas y minerales asiste en la buena circulación de la sangre y evita los padecimientos más frecuentes del corazón. Se receta con frecuencia para aminorar trastornos respiratorios y ayuda en el tratamiento contra la sinusitis y la congestión bronquial. Los emplastos con hojas de rábano resultan efectivos para aminorar los dolores en las articulaciones.

Propiedades medicinales
Contiene vitaminas B y C, hierro, yodo y potasio.

Propiedades místicas
Una pequeña cesta repleta de rábanos se ofrenda en un bosque con la finalidad de agradar a los duendes y hadas que habitan en el campo y alcanzar de ellos su mágica protección.

REMOLACHA / BETABEL– *Beta vulgaris*

Nombre en inglés	**Beet**
Planeta regente	**Satrurno**
Elemento	**Tierra**
Género	**Femenino**

Fue considerada en el pasado como uno de los principales atributos de Afrodita la diosa griega del amor y la belleza, lo mismo ocurrió en Roma con la diosa Venus.

Mitos ancestrales relatan que la remolacha constituía una parte primordial de la dieta alimenticia de Nefertiti ya que su efecto embellecedor actuaba en ella a la perfección. A este vegetal también se le conoce con el nombre de Betabel.

El jugo de remolacha es recetado para eliminar la debilidad, desintoxicar el sistema digestivo, curar la anemia, regular la presión sanguínea y aminorar padecimientos nerviosos. Algunos naturistas la recetan para evitar la formación de tumores, el cáncer de la piel y asistir en el tratamiento contra la leucemia. Al consumir remolacha con frecuencia se fomentará la juventud en la piel y una tonalidad reluciente en el rostro.

Propiedades medicinales
Rica en vitamina B, hierro, magnesio, cloro, yodo y potasio.

Propiedades místicas
Un antiguo sortilegio afirma que aquella pareja que coma una porción de la misma remolacha quedará enamorada desde ese preciso día. Muchas parejas de casados realizan este ritual y han dado testimonio de su reencuentro con la pasión.

REPOLLO– *Brassica oleracea*

Nombre en inglés	Cabbage
Planeta regente	Luna
Elemento	Agua
Género	Femenino

En antiguos rituales paganos las hojas frescas de repollo se esparcían afuera de la casa el último día de octubre a la media noche, se hacía con el propósito de protegerse contra la influencia de espíritus malignos que abandonarían sus aposentos en la necrópolis el día dedicado a todas las ánimas. Los romanos lo consumían para evitar la intoxicación alcohólica. En algunos países se le conoce como col.

El repollo ha venido siendo utilizado como remedio para aliviar padecimientos digestivos, curar condiciones de la piel como el acné juvenil, también se considera como asistente eficaz en el tratamiento contra las úlceras estomacales. El jugo de repollo se receta para aminorar las inflamaciones intestinales y combatir los trastornos del duodeno.

El jugo espeso de repollo mezclado con jugo de lima se considera como un tratamiento de aplicación local muy efectivo para combatir las espinillas.

Propiedades medicinales

Contiene vitaminas B, C y K, además hierro, sodio, calcio y potasio.

Propiedades místicas

Siempre se ha considerado de buena suerte a las parejas que compran una casa el hecho de sembrar un repollo en el jardín. El augurio del sencillo ritual pronostica una unión duradera, estable y sobretodo sumamente dichosa.

SOYA– *Glycine max*

Nombre en inglés	**Soy**
Planeta regente	**Luna**
Elemento	**Tierra**
Género	**Femenino**

El fríjol de soya se ha venido consumiendo en grandes cantidades por los nativos de China y Japón desde hace más de mil quinientos años. Uno de los ingredientes indispensables de la popularmente conocida comida china es la *salsa de soya* que actualmente es exportada y consumida en casi todos los países del mundo.

Gracias a la abundante cantidad de vitaminas y minerales que posee, la soya se ha convertido para millones de vegetarianos en el sustituto ideal de la carne. Su consumo frecuente ayuda a desacelerar el proceso del envejecimiento, previene los trastornos visuales y auditivos, alimenta la piel, disminuye los riesgos de contraer algunos tipos de cáncer como el cáncer prostático, asiste en la disolución de cálculos y se reconoce como aliada del sistema inmunológico.

Propiedades medicinales

Contiene vitaminas A y B, además hierro, cloro, magnesio y potasio.

Propiedades místicas

El enjuagar diariamente la cara con agua de soya promueve el rejuvenecimiento e incrementa la sensualidad en el usuario. Dos frijoles de soya son portados en el bolsillo izquierdo para avivar la pasión en una cita romántica.

TOMATE / JITOMATE– *Lycopersicum esculentum*

Nombre en inglés	**Tomato**
Planeta regente	**Venus**
Elemento	**Agua**
Género	**Femenino**

El tomate es originario del continente americano, las tribus de lengua náhuatl le llamaban zictomatl, luego el nombre se castellanizó con la llegada de los conquistadores y en México se le denominó jitomate. En Europa fue introducido alrededor del año 1570, en una época se le consideró como veneno o portador de enfermedades desconocidas, sin embargo con el paso del tiempo se ha convertido en uno de los vegetales indispensables en la dieta diaria de millones de comensales alrededor del mundo.

Al tomate en su infinidad de variedades se le conoce como el rey de los vegetales, es indicado para purificar la sangre, prevenir padecimientos de la vista, aminorar trastornos del hígado, curar afecciones estomacales como agruras, acidez e indigestión. Desde hace varias décadas se le considera como aliado del rejuvenecimiento, la buena salud y la potencia sexual.

Propiedades medicinales

Fuente de vitaminas A, B y C, además contiene hierro, calcio, potasio y magnesio.

Propiedades místicas

Un saquito rojo de pana o terciopelo relleno con semillas secas de tomate es portado por aquellas personas a las que les es difícil encontrar pareja. Muchos videntes afirman que éste es uno de los rituales más efectivos para atraer un amor apasionado.

YUCA / MANDIOCA– *Yucca Euphorbiacea*

Nombre en inglés	Yucca
Planeta regente	Luna
Elemento	Tierra
Género	Femenino

La yuca es originaria del sur de México, del estado de Yucatán para ser más exactos. Gustó tanto a los colonizadores españoles su sabor y los platillos que con ella se preparaban, lo que provocó que en las primeras décadas del siglo XVII se comenzará a cultivar en todas los territorios gobernados en aquel entonces por la corona española. En algunos países como por ejemplo Brasil a la yuca se le conoce como mandioca.

La yuca cocida se reconoce como uno de los alimentos más recetados para devolverle la vitalidad y energía al organismo después de haber pasado por una larga convalecencia. El puré de yuca aplicado localmente en el rostro, ayuda a desvanecer manchas, paños y cicatrices causadas por el acné, además promueve el crecimiento del cabello y se recomienda para aumentar la potencia sexual.

Propiedades medicinales
Contiene vitaminas A y C, también calcio, cloro y fósforo.

Propiedades místicas
Una yuca entera colgada en un rincón del jardín protege la casa contra plagas de insectos y hace retornar a su lugar de origen los hechizos de amor. Las cáscaras cumplen con la misma función cuando son colocadas entre el cielo falso y el techo.

ZANAHORIA– *Daucus carota*

Nombre en inglés	**Carrot**
Planeta regente	**Marte**
Elemento	**Fuego**
Género	**Masculino**

En la antigüedad tanto en Grecia como en Babilonia, a las zanahorias se le adjudicaron sensuales poderes que inducían a la pasión a quien las comía con frecuencia. En Roma se les consideró una fuente de vigor y energía, asimismo se creía que quien tomara su jugo antes de irse a dormir tendría sueños que revelarían gran parte de su futuro romántico y sexual.

La zanahoria es uno de los vegetales con mayor riqueza en minerales y vitaminas, se recomienda ingerirla frecuentemente en jugos y ensaladas, previene los trastornos oculares y circulatorios, refuerza la visión, reduce los riesgos de padecer ceguera y cataratas, mantiene el brillo y vitalidad en el cabello, promueve la buena salud, crecimiento y consistencia de las uñas. También le procura reservas vitamínicas al organismo, incrementando así las defensas naturales.

Propiedades medicinales
Rica en vitaminas A, B, C, E y K, además contiene fósforo, potasio y calcio.

Propiedades místicas
Algunos yerberos recomiendan el jugo de la zanahoria como cura para la impotencia y la esterilidad masculina, el secreto se basa en la visualización creativa. Mientras toma el jugo imagínese sano, fértil, viril. El resultado podrá observarlo casi de inmediato.

ZUCCHINI / PIPIÁN / GÜICOY / CALABACITAS / ZAPALLO ITALIANO / CALABACINES– *Cucurbita maxima*

Nombre en inglés	**Zucchini**
Planeta regente	**Luna**
Elemento	**Tierra**
Género	**Femenino**

Durante la época medieval al zucchini se le relacionaba con las hadas buenas y los duendes, ya que se tenía la creencia que al ofrendar siete de estos vegetales en el bosque o en la rivera de un río, los duendes obrarían una proeza de carácter financiero a favor de quien hiciera tal ofrecimiento durante siete lunas llenas. Según la leyenda el mago Merlín cumplía con las ofrendas a cabalidad.

Gracias a la generosa cantidad de vitamina A y hierro que detenta, el zucchini es ampliamente recomendado para preservar la vitalidad y juventud del organismo, se le considera como uno de los antídotos para prevenir y curar la anemia. Además asiste en la recuperación y convalecencia de enfermedades infecciosas. Se recomienda comerlo en ensaladas y cocido al vapor.

Propiedades medicinales

Fuente de vitamina A, hierro y calcio.

Propiedades místicas

Para calmar los ánimos y apaciguar incidentes que ocurren entre los miembros del hogar, lo más aconsejable es colocar en la mesa del comedor tres zucchinis frescos junto a un recipiente repleto de cubos de hielo. El zucchini es considerado como el vegetal de la paz.

CAPÍTULO 4

Hierbas

Una gran mayoría de hierbas y especias que conocemos hoy en día, fueron consideradas en siglos pasados como mercancías de lujo que solamente los más potentados podían adquirir. Navegantes europeos entre ellos el veneciano Marco Polo (1254–1324), fueron grandes precursores del comercio de especias, siglos más tarde se siguieron importando hierbas y condimentos culinarios desde lugares tan lejanos como Sri Lanka, Las Islas Molucas (antes llamadas Islas de las Especias), Mongolia, China y el sur del continente africano.

Lo más sorprendente es que quizá le debamos a la búsqueda de las especias y las hierbas el célebre *descubrimiento del continente americano*.

Las hierbas en la actualidad no se utilizan solamente para añadirle mayor sazón a nuestros alimentos, conforme la ciencia va avanzando también va profundizando en sus raíces y orígenes, en ese punto las hierbas juegan un papel preponderante ya que los primeros remedios que conoció el hombre se derivaron de preparaciones y extractos herbales. Antiguas civilizaciones consideraron una gran cuantía de hierbas como regalo de los dioses, con las cuales los mortales practicaban rituales que daban paso a la creación de portentos mágicos.

En este capítulo analizaremos a las hierbas más populares desde tres facetas diferentes: la leyenda e historia detrás de cada una de ellas, las propiedades medicinales que detentan y las cualidades místicas que les pertenecen.

ALBAHACA– *Ocimum basilicum*

Nombre en inglés	**Basil**
Planeta regente	**Marte**
Elemento	**Fuego**
Género	**Masculino**

Es considerada una planta sagrada en la India y fue introducida en el viejo continente hace más de cuatro mil años, aunque en Grecia y Roma se le asociaba al carácter hostil, después se le consideró benéfica. Su acción para ayudar al fortalecimiento del sistema nervioso y el sistema digestivo es reconocida tanto en la medicina hindú como en la medicina occidental.

Las hojas frescas de albahaca se aplican directamente a la piel para reducir pequeñas inflamaciones y aliviar la picadura de insectos. El aceite esencial se aplica para dar masajes estimulantes que contrarrestan la depresión. La infusión y el té son recomendados para combatir la fatiga mental, la migraña, la tensión, la ansiedad y el insomnio. El jugo de albahaca es indicado para curar la tos crónica.

Propiedades medicinales

Es antidepresivo, antiséptico, tónico estomacal, expectorante y febrífugo.

Propiedades místicas
En el antiguo Tibet se le añadía albahaca a la comida para fortalecer la unión y el amor en los habitantes de una morada. Las hojas deshidratadas se queman como incienso para restablecer la paz en lugares en donde han ocurrido hechos violentos.

ANÍS– *Pimpinella anisum*

Nombre en inglés	**Anise**
Planeta regente	**Júpiter**
Elemento	**Aire**
Género	**Masculino**

En tiempos del antiguo Egipto, Cleopatra y sus damas de compañía utilizaban la esencia del anís para perfumar sus indumentarias y sus rumbosos aposentos. En Constantinopla se pulverizaba y se añadía a las sales minerales utilizadas en los baños de vapor. Tanto Plinio como Hipócrates lo prescribieron para combatir padecimientos menores. En algunas naciones se le considera un ingrediente de la gastronomía. El anís es uno de los atributos principales de Ochosi, uno de los guerreros protectores de la santería.

El anís verde como se le conoce comúnmente es recetado para curar la tos y las molestias respiratorias. Se le considera también un remedio digestivo. En ocasiones se indica como auxiliar en el tratamiento de la prostatitis. Puede aliviar algunos malestares durante la menopausia. Se usa más frecuentemente por medio de té e infusiones. Se recomienda ingerirlo en pequeñas dosis ya que en gran cantidad resulta tóxico.

Propiedades medicinales
Expectorante, digestivo, anti-espasmódico y antiséptico.

Propiedades místicas
Con las semillas del anís se preparan infusiones y baños mágicos capaces de remover el pesimismo, la histeria, las energías negativas y hasta los hechizos malignos. Para atraer más dinero se riega un poco de anís pulverizado en la puerta de entrada de la casa.

ÁRNICA– *Arnicamontana*

Nombre en inglés	**Arnica**
Planeta regente	**Venus**
Elemento	**Agua**
Género	**Femenino**

En la antigüedad la hierba fue ofrendada a las diosas de la belleza, tanto en Grecia como en Roma se conocieron sus cualidades medicinales especialmente para curar afecciones de la piel. Los sabios naturistas del pasado descubrieron que suministrándola en pequeñas dosis brindaba alivio en casos severos de histeria y ataques de pánico.

Quizá su utilización más frecuente sea por medio de pomadas y ungüentos indicados para desaparecer moretes, aminorar marcas en la piel, combatir la alopecia y auxiliar en la cicatrización de heridas profundas. La pomada es uno de los remedios más eficaces para aminorar los dolores de la gota y las inflamaciones en los labios. Las flores de árnica son empleadas preparando infusiones y compresas para contrarrestar los dolores reumáticos, los espasmos musculares y molestias en la espalda causadas por la tensión nerviosa.

Propiedades medicinales
Anti-inflamatorio y estimulante del sistema inmunológico.

Propiedades místicas
Para los estudiantes que desean salir bien en un examen lo que deben hacer es aplicar una cantidad mínima de árnica en la frente mientras estudian y repetir la aplicación una noche antes del examen o antes de irse a dormir. Al siguiente día lograrán memorizarlo todo casi a la perfección.

CANELA– *Cinnamomum zeylanicum*

Nombre en inglés	**Cinnamon**
Planeta regente	**Sol**
Elemento	**Fuego**
Género	**Masculino**

Originaria de Asia y diseminada en los cinco continentes. En el antiguo Egipto constituyó uno de los ingredientes esenciales en el proceso de embalsamar momias. Fue usada por Moisés y su corteza era utilizada en la preparación del aceite de la unción.

La infusión de la canela es recetada para ayudar al fortalecimiento de los riñones, aliviar los cólicos estomacales, la indigestión y curar la gripe, además es ampliamente recomendada para limpiar de impurezas el organismo. Las inhalaciones son indicadas para aliviar padecimientos como la rinitis y las irritaciones en las vías respiratorias. Durante siglos a la tintura de la canela se le ha considerado como uno de los remedios más efectivos para curar la eyaculación precoz y la impotencia.

Propiedades medicinales
Antiséptico, afrodisíaco, estimulante uterino, estimulante circulatorio, tónico y antiespasmódico.

Propiedades místicas
El incienso de canela es utilizado para estimular las habilidades psíquicas y los dones espirituales de los curanderos naturales. Un saquito relleno de canela es portado por aquellos que andan en busca de un empleo mejor remunerado.

Mariscos

CÁSCARA SAGRADA – *Rhamnus prusiana*

Nombre en inglés	**Cáscara sagrada**
Planeta regente	**Luna**
Elemento	**Tierra**
Género	**Femenino**

Es una hierba de origen norteamericano, los nativos la utilizaban para aliviar dolores estomacales, constipación e indigestión. Fue uno de los primeros remedios del nuevo mundo empleado por los conquistadores españoles. La cáscara sagrada arribó al continente europeo alrededor del año 1550 y en poco tiempo se le reconoció como un descubrimiento portentoso.

La cáscara sagrada es indicada en casos leves de estreñimiento y mala digestión. Se dice que cura la intoxicación causada por mariscos contaminados. Algunos naturistas la recetan como complemento medicinal para curar la anemia. Se utiliza normalmente en té, tintura e infusiones. En la actualidad es ampliamente utilizada como uno de los componentes principales en la elaboración de medicamentos laxantes. Su uso debe ser proporcionado en cantidades mínimas.

Propiedades medicinales
Tónico digestivo y purgante.

Propiedades místicas
Para salir victorioso en un caso de corte se recomienda que porte consigo en el bolsillo izquierdo o en la billetera, ocho hojas deshidratadas de la hierba. Una noche antes rocíele a las hojas unas gotas de agua de coco.

DAMIANA– *Turnera diffusa*

Nombre en inglés	**Damiana**
Planeta regente	**Marte**
Elemento	**Fuego**
Género	**Masculino**

Esta hierba se ha venido utilizando desde la antigüedad como un potente estimulante nervioso. Fue hasta hace dos siglos aproximadamente cuando se descubrieron sus propiedades afrodisíacas tanto para hombres como para mujeres. Se produce mayormente en Latinoamérica y en naciones localizadas en los trópicos.

La damiana es recetada principalmente para curar la impotencia masculina, la frigidez femenina, la eyaculación precoz, la melancolía y la depresión post parto. También se receta para desintoxicar las vías urinarias y curar el mal de orín. Se le considera un afrodisíaco altamente conocido por su efectividad en corto tiempo. Los enjuagues con agua de damiana evitan la caída del cabello y le devuelven su color original.

Propiedades medicinales

Antiséptico urinario, diurético, afrodisíaco, antidepresivo, tónico y estimulante nervioso.

Propiedades místicas

Videntes modernos han descubierto en la damiana a una de las fuentes de la eterna juventud. Si quiere rejuvenecer tome un té o una infusión diariamente, en el lapso de un mes comenzará a observar resultados asombrosos.

EPAZOTE / PAZOTE– *Chenopodium ambrosoides*

Nombre en inglés	**Epazote**
Planeta regente	**Sol**
Elemento	**Fuego**
Género	**Masculino**

Los antiguos aborígenes mesoamericanos ya conocían las propiedades curativas que hoy se le atribuyen a esta hierba. Los aztecas la utilizaban tanto en la medicina natural como en la preparación de platillos típicos, se cree que constituía una de las ofrendas esenciales a Xipe totec dios del maíz, la primavera y los sacrificios.

Actualmente al epazote se le conoce como un remedio eficaz para curar padecimientos de las vías urinarias, cistitis e infecciones estomacales, también ayuda a regular la menstruación. Es reconocido como uno de los mejores remedios para eliminar parásitos intestinales. Al ser ingerido en dosis altas actúa como purgante. A las mujeres embarazadas se les recomienda consumirlo con suma moderación porque en exceso podría ser venenoso y causante de aborto.

Propiedades medicinales
Vermífugo, diurético, anti-bacterial y antiséptico.

Propiedades místicas
Los baños y enjuagues con agua de epazote son recomendados para curar enfermedades espirituales. Existe la creencia que al percibir su acentuada fragancia con asiduidad se estimula la inventiva y la creatividad.

EQUINACIA– *Echinacea augustifolia*

Nombre en inglés	**Echinacea y Coneflower**
Planeta regente	**Luna**
Elemento	**Agua**
Género	**Femenino**

La equinacia es considerada como uno de los principales remedios naturales empleados por los nativos del continente americano, sin embargo su uso estuvo oculto, segregado durante varios siglos. En las primeras décadas del siglo veinte comenzaron a difundirse sus propiedades curativas en varias naciones europeas, hoy en día es una de las hierbas más populares y utilizadas en la industria farmacéutica naturista.

Con la equinacia se suelen preparar remedios caseros para curar la influenza, los resfriados, los catarros y las alergias de estación. La infusión es recetada para combatir infecciones en su etapa más aguda. La tintura es indicada para aliviar infecciones del tracto urinario y trastornos renales. Para algunos pacientes con SIDA ha resultado benéfica en sus terapias debido a sus propiedades anti-bacteriales y anti-virales.

Propiedades medicinales
Antibiótico, tónico, fortalecedor del sistema inmunológico y anti alérgico.

Propiedades místicas
Antiguos chamanes de la tribu cheyenne preparaban amuletos con las flores y las hojas deshidratadas de la hierba para protegerse de contraer enfermedades terminales. Un saquito blanco relleno con hierba seca es empleado con el mismo fin.

EUCALIPTO– *Eucalyptus globulus*

Nombre en inglés	**Eucalyptus**
Planeta regente	**Luna**
Elemento	**Agua**
Género	**Femenino**

Árbol originario de Australia en donde se le considera como todo un símbolo y parte del folklor nacional, aparte de sus propiedades curativas, constituye el único alimento de los osos koala. El eucalipto se comenzó a plantar en Europa y América en el siglo XIX y fue declarado por los herbolarios como uno de los árboles curativos del siglo.

Tiene una larga lista de indicaciones médicas, las inhalaciones son indicadas para aliviar la bronquitis, el asma, la gripe y la tos crónica; también se recomiendan en el tratamiento contra el enfisema pulmonar y la tuberculosis. La infusión del eucalipto cura las infecciones de la garganta y disminuye la congestión nasal. El aceite esencial es indicado para cicatrizar raspones y heridas leves. El té es recomendado para tratar infecciones urinarias y eliminar parásitos intestinales. Actualmente el eucalipto constituye un producto natural que goza de gran demanda en la industria farmacéutica.

Propiedades medicinales

Antiséptico, balsámico, expectorante, estimulante, cicatrizante, parasiticida.

Propiedades místicas

Para procurar la rápida curación de un enfermo, un cojín de tela se rellena con hojas frescas de eucalipto y se colocan junto a su lecho. Las hojas deben ser cortadas en día lunes.

GINKGO BILOVA– *Ginkgo biloba*

Nombre en inglés	Ginkgo
Planeta regente	Venus
Elemento	Agua
Género	Femenino

Se le considera como uno de los remedios naturales más antiguos del mundo, según cuenta la leyenda popular fueron los habitantes de la era cuaternaria quienes descubrieron sus propiedades curativas. En el lejano oriente han sido reconocidas sus propiedades médicas desde hace más de veinte siglos y en la India se le asoció a la longevidad. La hierba fue introducida en Europa alrededor de 1730 y fue rápidamente acogida por el clima templado de la zona.

El gingko ya sea en forma natural o por medio de cápsulas, es ampliamente recomendado para aumentar el flujo sanguíneo que llega al cerebro por tal motivo se recomienda como un agente que mejora y restablece las funciones mentales y agiliza en gran medida la retentiva. También se receta para prevenir padecimientos circulatorios, arteroesclerosis y pérdida de la memoria en personas de edad avanzada. Las semillas son utilizadas para atacar trastornos urinarios y tratar el asma. También se le considera al gingko como una cura contra la impotencia, apoplejía, sordera y presión alta.

Propiedades medicinales

Estimulante circulatorio, relajante de los conductos sanguíneos, astringente y anti-bacterial.

Propiedades místicas

Las hojas frescas del gingko se ponen a remojar en agua mineral una noche de luna llena, al día siguiente se dan enjuagues en el rostro con esa agua. En el lapso de tres semanas todos notarán que el practicante de este ritual habrá rejuvenecido de tres a cinco años.

GINSENG– *Panax quinquefolius*

Nombre en inglés	**Ginseng**
Planeta regente	**Sol**
Elemento	**Fuego**
Género	**Masculino**

Considerada una planta milagrosa en la herbolaria china, el ginseng se ha venido cultivando desde hace más de cinco mil años. Según cuenta la historia, Marco Polo fue uno de los primeros navegantes europeos que conoció de cerca los efectos curativos de esta hierba maravillosa.

El ginseng se recomienda para preservar la juventud, la energía, la potencia sexual y reforzar las defensas del sistema respiratorio. La tintura se recomienda para contrarrestar la debilidad en los pulmones y prevenir enfermedades como la tuberculosis. Naturistas orientales recetan el ginseng especialmente para fortalecer el sistema inmunológico. Su parte más utilizada es la raíz, se le puede encontrar en píldoras, cápsulas y té.

Propiedades medicinales
Tónico, estimulante, regula los niveles del colesterol y previene las enfermedades contagiosas.

Propiedades místicas
Cuenta la leyenda que el viejo sabio como era conocido Lao Tse, siempre portaba consigo una raíz de ginseng, con ello se protegía de contraer enfermedades contagiosas y de ser atacado por animales salvajes.

GORDOLOBO– *Verbascum thapus*

Nombre en inglés	**Mullein**
Planeta regente	**Saturno**
Elemento	**Fuego**
Género	**Femenino**

Dioscórides el popular médico de la antigua Grecia prescribía el gordolobo como remedio para curar padecimientos oculares, dolor de muelas y picaduras de arañas venenosas. Además de la extensa lista de propiedades curativas con las que cuenta, también se le aprecia como una hermosa planta ornamental adaptable a todo tipo de suelo que goce de clima moderado.

Con las flores del gordolobo se prepara un aceite altamente utilizado para combatir el asma, la bronquitis, la tos persistente y las inflamaciones en la garganta. La infusión preparada con las hojas deshidratadas se receta como remedio auxiliar contra la tuberculosis y la bronconeumonía. Asimismo la tintura se receta como pócima contra los padecimientos respiratorios y la sinusitis.

Propiedades medicinales

Expectorante, diurético, sedante, astringente y anti-inflamatorio.

Propiedades místicas

En naciones como la India y Nepal, el gordolobo ha sido utilizado durante siglos para eliminar la negatividad, protegerse contra las malas voluntades y rechazar los ataques psíquicos. Una docena de flores colocadas en una ventana que de a la calle cumplirá al pie de la letra con estas funciones.

HIERBABUENA / YERBA BUENA / MENTA– *Mentha sativa*

Nombre en inglés	**Mint**
Planeta regente	**Mercurio**
Elemento	**Aire**
Género	**Masculino**

La hierbabuena fue muy reconocida en la mitología griega dentro de la cual cuenta con su propia leyenda, siglos más tarde fue utilizada en Palestina como parte del pago de los impuestos al emperador romano. Las más de treinta variedades existentes de la hierbabuena fueron clasificadas y diferenciadas por el botánico de origen inglés John Ray en el año 1696.

En la actualidad se le conoce como un poderoso estimulante sexual, el té alivia los cólicos y dolores del estómago, la infusión es recomendada para aliviar las náuseas, la indigestión y la amigdalitis. Las compresas son indicadas en el tratamiento para combatir el reumatismo. Las inhalaciones reducen la fiebre alta y la congestión nasal.

Propiedades medicinales
Analgésico, tónico digestivo, previene el vómito, relajante de los vasos sanguíneos y antiespasmódico.

Propiedades místicas
La hierbabuena es ampliamente utilizada en rituales para la protección del hogar, la prosperidad en la familia y en la atracción de bienes materiales. Se dice que en lugares donde crece con abundancia el dinero nunca faltará.

HINOJO– *Foeniculum officinale*

Nombre en inglés	**Fennel**
Planeta regente	**Mercurio**
Elemento	**Fuego**
Género	**Masculino**

El reconocido naturista y escritor romano Plinio recomendaba el hinojo para reforzar la visión y combatir la mayoría de trastornos ópticos. En Grecia se recetaba para eliminar molestias estomacales en los niños menores de 12 años. Durante la época del renacimiento fue el remedio mejor conocido contra la gastritis.

El hinojo se receta comúnmente como auxiliar digestivo. La infusión es indicada para aliviar la indigestión, los cólicos, trastornos urinarios y las úlceras estomacales. El té es recomendado para bajar la fiebre, curar la gripe y evitar los resfriados. Con la raíz se hace un preparado el cual se prescribe para excretar los cálculos en los riñones y es considerado como un auxiliar benéfico en el tratamiento de la prostatitis. El aceite esencial se utiliza para prevenir y sanar padecimientos de las vías respiratorias.

Propiedades medicinales
Diurético, estimulante circulatorio, anti-inflamatorio y expectorante.

Propiedades místicas
Talismanes elaborados con semillas de hinojo son preparados especialmente para aquellas personas que desean desarrollar sus poderes psíquicos. Los videntes para protegerse de hechizos y maleficios utilizan el hinojo como uno de los ingredientes principales en enjuagues y despojos espirituales.

JENGIBRE– *Zingiber officinalis*

Nombre en inglés	**Ginger**
Planeta regente	**Marte**
Elemento	**Fuego**
Género	**Masculino**

El jengibre es una planta originaria del sur de Asia, se ha venido cultivando desde hace más de dos mil quinientos años y fue introducida al continente americano por los conquistadores españoles en el siglo XVIII, fue en aquella época cuando comenzó a añadírsele a las medicinas para evitar que éstas causaran malestares e irritaciones en el estómago. También es comúnmente solicitado en las artes culinarias.

Su parte más utilizada en la medicina natural es la raíz, se le considera como fortalecedor del sistema digestivo y estimulante cardíaco. La tintura es indicada para curar la indigestión, prevenir la flatulencia y sofocar las náuseas. El té se recomienda para contrarrestar la indigestión, la pesadez abdominal y el exceso de flema. Los masajes con el aceite esencial aminoran los dolores provocados por el lumbago, la artritis y los dolores del vientre. Se ha comprobado que ingiriéndolo en pequeñas dosis alivia los malestares causados por el embarazo. Se le reconoce como cura para la impotencia.

Propiedades medicinales
Expectorante, relajante de los vasos sanguíneos, promotor del sudor, analgésico estomacal y antiséptico.

Propiedades místicas
El jengibre se siembra en la casa con la finalidad de atraer ganancias y más dinero. Si se ha de practicar algún tipo de ritual mágico se recomienda frotar con raíces frescas de jengibre todos los instrumentos que se utilizarán en el mismo, con ello se asegura que el rito cumpla a cabalidad con su cometido.

LAVANDA– *Lavendula officinalis*

Nombre en inglés	**Lavender**
Planeta regente	**Mercurio**
Elemento	**Aire**
Género	**Masculino**

Considerada como una de las hierbas medicinales más populares desde tiempos ancestrales, su nombre proviene del latín lavare que significa lavar. Se cree que es originaria de la zona limítrofe entre el continente europeo y el continente asiático.

La lavanda se utiliza principalmente en la preparación de infusiones, cremas, ungüentos, enjuagues bucales y aceite esencial. El té ayuda a contrarrestar el dolor de cabeza, la tensión nerviosa y la fatiga muscular. La crema es recomendada para aliviar quemaduras causadas por el sol, la tintura es indicada en pequeñas dosis para combatir la depresión y las migrañas. Su parte más utilizada son las flores con las cuales se fabrican esencias, perfumes y una gran variedad de productos dedicados a la limpieza doméstica. Su agradable aroma es considerado como calmante y revitalizador de los nervios.

Propiedades medicinales
Relajante, antiespasmódico, antibacterial, tónico para los nervios, analgésico y antiséptico.

Propiedades místicas
Se dice que la fragancia de la lavanda estimula los sentidos y conduce a una vida larga por lo que se recomienda oler su exquisito aroma con frecuencia. Portar un saquito blanco relleno con flores secas de lavanda augura atraer el amor verdadero a su poseedor.

LINAZA– *Linum usitatissimum*

Nombre en inglés	**Flax**
Planeta regente	**Mercurio**
Elemento	**Fuego**
Género	**Masculino**

Los antiguos griegos conocieron la mayoría de las propiedades curativas de la linaza, Hipócrates el padre de la medicina ya la recomendaba hace más de veinticuatro siglos.

Uno de los personajes históricos que hizo una reseña importante sobre la utilización de la linaza con fines preventivos fue el apóstol religioso hindú Mahatma Gandhi.

La linaza es recetada para aminorar la inflamación de las membranas mucosas, aliviar los dolores del reumatismo, tratar padecimientos hepáticos y combatir trastornos urinarios. La infusión se recomienda como remedio para la tos crónica, la amigdalitis y la lenta digestión; el té es indicado como purificador de la sangre y del organismo en general. El aceite esencial previene la acumulación de depósitos grasos en los tejidos. Se recomienda ingerirle en cantidades mínimas ya que en exceso podría actuar como tóxico o purgativo.

Los enjuagues con agua de linaza son indicados para aliviar enfermedades de la piel como la soriasis, el acné y eczema.

Propiedades medicinales

Laxante, antiséptico, anti-inflamatorio, diurético y anti-reumático.

Propiedades místicas

Para conservar una posición estable en el trabajo, se recomienda esparcir el número de semillas de linaza que corresponda con los días que tiene el mes en curso. El ritual se practica el primer viernes de cada mes, las semillas deben ser esparcidas en los cuatro puntos cardinales del establecimiento.

LLANTÉN / PLÁNTAGO– *Plantago psyllium*

Nombre en inglés	**Psyllium or Plantain**
Planeta regente	**Venus**
Elemento	**Tierra**
Género	**Femenino**

De hojas amargas y astringentes, el llantén es originario de Europa, se considera que fueron los habitantes de la antigua Bretaña quienes descubrieron la mayoría de sus propiedades medicinales. En los tradicionales reinos medievales se le adjudicaron numerosos poderes curativos y fue una de las hierbas más usadas para sanar la peste.

El té preparado con hojas secas de la hierba se indica para desinflamar las membranas mucosas, aliviar la cistitis y curar las infecciones pulmonares. La tintura es considerada uno de los remedios más eficaces para combatir la rinitis crónica y la rinitis alérgica. Los enjuagues bucales son apropiados para sanar trastornos de la garganta y la traquea. La tos crónica y las infecciones menores en los ojos pueden ser tratadas ingiriendo un tónico preparado con hojas frescas de llantén.

Propiedades medicinales
Tónico, reductor de la flema, antiespasmódico y expectorante.

Propiedades místicas
El llantén se utiliza comúnmente en rituales dedicados al amor. Si desea saber si es correspondido sentimentalmente por otra persona, lo que debe hacer es escribir con tinta roja el nombre de la misma en una hoja fresca de llantén. Si la hoja se vuelve amarilla la respuesta será positiva y si mantiene su color verdoso indicará lo contrario.

MANZANILLA / CAMOMILA– *Matricaria recutita*

Nombre en inglés	**Chamomile**
Planeta regente	**Sol**
Elemento	**Agua**
Género	**Femenino**

Debido a su refinada fragancia los antiguos griegos le llamaron manjzanita de tierra y desde aquel entonces ya se utilizaba como tranquilizante nervioso. Existen dos tipos de manzanilla: la romana conocida como chamaemelum nobile y la alemana o matricaria que fue la que se difundió con mayor rapidez en el continente americano. Actualmente es una de las hierbas más populares y de mayor venta en el planeta. El nombre matricaria le fue adjudicado gracias a sus propiedades curativas en el género femenino.

La parte más concentrada de anticuerpos en ella son sus flores, las que son usadas en té e infusiones para prevenir el insomnio, las infecciones, la depresión, la ansiedad, la histeria y el estrés. El enjuague bucal es indicado para aliviar inflamaciones de las encías y el paladar blando. Las inhalaciones son recetadas para curar la bronquitis, disminuir la fiebre alta y controlar el asma. El aceite esencial se recomienda para eliminar el eczema. También se indican enjuagues para sanar la conjuntivitis y la resequedad en los ojos. Es ampliamente usada en la industria cosmética especialmente en productos que le dan cuerpo y lustre al cabello. Se le considera estimulante del sistema inmunológico.

Propiedades medicinales

Anti-inflamatorio, anti-depresivo, analgésico, cicatrizante y calmante.

Propiedades místicas

Con la manzanilla se preparan inciensos apropiados para la meditación y para inducir el sueño. Las flores de la manzanilla son esparcidas alrededor de la casa para remover influencias malignas y hechizos enviados en contra de sus moradores.

MEJORANA– *Origanum marjorana*

Nombre en inglés	**Marjoram**
Planeta regente	**Mercurio**
Elemento	**Aire**
Género	**Masculino**

En la antigua Grecia la mejorana fue adjudicada como uno de los atributos esenciales dedicados a la diosa del amor. Los jóvenes de aquel entonces portaban consigo un ramito de la planta creyendo que así atraerían a un amor dulce y compatible. Las mujeres en edad de casarse quemaban polvo de mejorana con el propósito de alcanzar un matrimonio acomodado, estable y sobre todo que durara para toda la vida. La hierba es originaria del norte de África y del sur de la península Ibérica.

La mejorana se recomienda para regular la digestión, fortalecer el estómago débil y relajar el sistema nervioso. En recientes estudios se ha determinado que podría actuar como medicina alternativa en el tratamiento del herpes. Se emplea comúnmente en compresas para aliviar dolores musculares, en ungüentos indicados para sanar quemaduras y contusiones y en infusiones recetadas para eliminar el insomnio, los espasmos, la ansiedad y la hipertensión.

Propiedades medicinales

Calmante, sedante, analgésico digestivo y vasodilatador arterial.

Propiedades místicas

La mejorana se utiliza en rituales para atraer dinero, el mismo efecto produce su aromático incienso. Un saquito color violeta se rellena con mejorana, se le añade 17 flores de manzanilla y se expone a la luz solar durante tres días. Entonces se obtendrá el mejor amuleto para contrarrestar la depresión, la ira y el desánimo.

MIRRA– *Commiphora molmol*

Nombre en inglés	**Myrrh**
Planeta regente	**Luna**
Elemento	**Agua**
Género	**Femenino**

La mirra es considerada como una de las riquezas naturales más preciadas del continente asiático. Es mencionada en libros sagrados y fue una de las tres ofrendas principales que le presentaron al redentor de los hombres a la hora de su nacimiento los místicos reyes, que acudieron a rendirle tributos guiados por los destellos de la vibrante estrella del oriente.

La tintura de la mirra es indicada para curar infecciones, bajar la fiebre y revitalizar el sistema respiratorio. Los enjuagues bucales se aplican para aliviar las inflamaciones del paladar, las úlceras de las encías y las afecciones en la garganta. El aceite esencial es recetado para cicatrizar heridas, borrar manchas y eliminar las hemorroides. Las infusiones son recomendadas para descongestionar las vías nasales y prevenir trastornos pulmonares.

Propiedades medicinales
Antiséptico, astringente, estimulante del sistema inmunológico, expectorante, anti-inflamatorio y cicatrizante.

Propiedades místicas
De la resina del árbol de mirra es creado uno de los inciensos más contemplativos y exquisitos de la tierra. El humo y aroma que produce crea una vibración benefactora que induce a un ambiente de serenidad, sentimientos de justicia y paz en los sitios donde es quemado, comúnmente se le añade a otros inciensos para incrementar sus poderes etéreos.

MOSTO DE SAN JUAN / HIERBA DE SAN JUAN–
Hypericum perforatum

Nombre en inglés	**St. John's Wort**
Planeta regente	**Sol**
Elemento	**Fuego**
Género	**Masculino**

Según cuenta la leyenda popular, la hierba adquirió su nombre en honor a San Juan de Jerusalén quien la usó para sanar las heridas de los soldados que caían combatiendo en las agrestes cruzadas. En algunas naciones europeas se utilizó como uno de los elementos esenciales al efectuar exorcismos.

El mosto de San Juan se recomienda principalmente para prevenir la depresión, curar la tristeza, aplacar la ansiedad, desterrar la irritabilidad y eliminar la fatiga mental. Las infusiones son indicadas para combatir la tensión nerviosa, la melancolía causada por la menopausia y los altibajos notorios en el estado de ánimo. Con las flores se preparan cremas y aceite esencial indicados en el tratamiento externo de quemaduras, picaduras de insectos, inflamaciones musculares y de la piel. La tintura se receta para curar la depresión crónica y asistir en el tratamiento del desorden bipolar.

Propiedades medicinales
Astringente, analgésico, anti-inflamatorio, sedante, tónico para el sistema nervioso.

Propiedades místicas
Un recipiente lleno de flores y hojas secas de la hierba es colocado frente a una ventana que de a la calle, con ello se protege la casa contra los espíritus malignos, los espíritus burlones y los amigos de lo ajeno.

NUEZ MOSCADA– *Myristica fragans*

Nombre en inglés	**Nutmeg**
Planeta regente	**Júpiter**
Elemento	**Fuego**
Género	**Masculino**

La nuez moscada fue introducida al continente europeo por navegantes portugueses que la trajeron desde las islas Molucas en Indonesia. En China se reconocen sus propiedades medicinales desde antes de la época medieval y en el imperio del sol naciente se descubrió que poseía propiedades alucinógenas si se ingería en cantidades altas.

Es frecuentemente utilizada en infusiones, cápsulas y en la elaboración de aceite esencial.

Las cápsulas son indicadas para curar las náuseas, indigestión, gastritis, diarrea crónica y gastroenteritis. El aceite esencial es aplicado comúnmente para aliviar el dolor de muelas antes del tratamiento dental. Los masajes con el aceite esencial se recomiendan para aliviar dolores musculares y reumáticos.

Propiedades medicinales

Estimulante digestivo, anti-bacterial, anti-inflamatorio, tónico y previene los cólicos.

Propiedades místicas

Una nuez se pinta la mitad de blanco y la mitad de rojo, luego es portada como talismán para proteger a su usuario de contraer enfermedades contagiosas como el SARS, la sífilis y la peligrosa hepatitis tipo C.

ORÉGANO– *Origanumvulgare*

Nombre en inglés	**Oregano**
Planeta regente	**Mercurio**
Elemento	**Aire**
Género	**Masculino**

Se cree que el orégano es nativo del sureste asiático, en China y la India se aplicaba como remedio para diversos padecimientos. En Europa se usaba también como medicina natural y con el paso del tiempo se descubrieron en la hierba una infinidad de propiedades culinarias. Actualmente se le considera como ingrediente esencial en la receta de diversos platillos, especialmente de la comida italiana.

El orégano se utiliza para aliviar el dolor de estómago, los cólicos, la tos crónica, la bronquitis, sinusitis, el catarro, laringitis y la gripe. Se receta comúnmente por medio de infusiones, té, jugos e inhalaciones. En ocasiones se recomienda para eliminar parásitos, combatir la flatulencia y fortalecer el estómago débil. Se debe ingerir en dosis pequeñas porque en cantidades mayores actúa como purgante. Su uso está contra indicado para las mujeres embarazadas.

Propiedades medicinales
Expectorante, antiséptico, auxiliar digestivo, tónico y antipirético.

Propiedades místicas
Cuando se desea corroborar la lealtad en un amigo, lo que debe hacerse es convidarle a una comida a la que se le agregará orégano en cantidad mayor a lo usual. Si la persona estornuda indicará que no es franca y que le ha estado mintiendo y lo contrario si no estornuda.

ROMERO– *Rosemarinus officinalis*

Nombre en inglés	**Rosemary**
Planeta regente	**Sol**
Elemento	**Fuego**
Género	**Masculino**

Se estima que es originario de las costas del mar Mediterráneo, en la antigua Grecia era considerado como la flor predilecta del Olimpo. Una antigua leyenda cuenta la historia de una princesa que había perdido toda la belleza y encanto de la juventud y le era imposible conseguir esposo en las cortes europeas, entonces un médico brujo le preparó un tónico elaborado con vino tinto y romero; en menos de un año había rejuvenecido increíblemente y fueron varios los reyes y príncipes que solicitaron desposarla.

El romero es considerado una hierba maravillosa, cura desde el reumatismo hasta la caída del cabello. La infusión es recetada para curar la influenza, los resfriados, la fiebre provocada por los cambios bruscos en la temperatura y las depresiones prolongadas. La tintura reduce los cálculos renales y cálculos en la vesícula, también cura la debilidad y la anemia. El enjuague diario con agua de romero promueve el crecimiento del cabello.

Propiedades medicinales

Estimulante general, tónico cardíaco, antiséptico pulmonar, antirreumático, cicatrizante, diurético y sudorífico.

Propiedades místicas

Una guirnalda fabricada con ramas de romero era usada en siglos pasados para tener recuerdos de vidas anteriores. Actualmente se dice que el romero quemado en forma de incienso cumple con la misma función.

RUDA– *Ruta graveolens*

Nombre en inglés	**Rue**
Planeta regente	**Marte**
Elemento	**Fuego**
Género	**Masculino**

Los antiguos romanos añadían el extracto de la hierba en las comidas cuando presentían ser atacados por el poder mental de un hechicero. En Grecia se le consideró como antídoto contra el veneno de hongos tóxicos y como cura para las picaduras de algunas serpientes. Según datos recientes la ruda es originaria del territorio que ahora comprende la pujante nación alemana. Debido a su penetrante y peculiar fragancia también se le utilizó en el ejercicio del exorcismo.

La ruda se emplea principalmente como tranquilizante nervioso ya que calma los ataques de pánico, la histeria y la zozobra. También es recetada para eliminar parásitos intestinales, regular las alteraciones en el período menstrual y asiste en la desintoxicación el sistema digestivo. Al aplicarla directamente en la frente alivia las jaquecas. En dosis fuertes puede actuar como purgante y abortivo, se recomienda no ingerirle durante el embarazo.

Propiedades medicinales

Regulador de la menstruación, tónico para el sistema circulatorio, regulador de la presión y anti-espasmódico.

Propiedades místicas

La ruda constituye uno de los principales componentes naturales que se utilizan para dar limpias espirituales, los chamanes la han utilizado desde siempre con ese propósito. Al ser quemada como incienso aleja la muerte, la miseria y los malos espíritus. En muchas culturas se le considera de buena suerte para los comercios y si es plantada en el jardín atrae progreso y mantiene la casa libre de agentes patológicos. Según recita un antiguo mito la ruda debe ser regalada o hurtada para que cumpla a la perfección con sus funciones espirituales.

RUIBARBO– *Rheum palmatum*

Nombre en inglés	Rhubarb
Planeta regente	Venus
Elemento	Tierra
Género	Femenino

El ruibarbo es originario del Tibet y del norte de China donde se ha venido usando como medicina natural desde hace más de tres mil años. Prontamente se difundió en países vecinos siendo la India y Nepal los nuevos territorios que conquistó con su fama para curar. Alrededor del siglo XIV ya se le conocía en toda Europa ya que había sido introducido al viejo continente vía Asia menor.

Como en otras hierbas curativas la parte más utilizada del ruibarbo es la raíz, con ella se prepara una tintura que al ser ingerida en pequeñas dosis constituye un inmejorable estimulante para el hígado, además cura la deficiencia hepática y relaja el estómago débil. En dosis mayores actúa como purgante. Las hojas no deben ser utilizadas ya que contienen agentes tóxicos. La infusión es indicada como enjuague para eliminar pústulas y quistes.

Propiedades medicinales

Laxante, remedio digestivo, astringente y anti-bacterial.

Propiedades místicas

Aquellos que deseen dejar de ser molestados por admiradores obsesivos, lo único que deberán hacer será escribir el nombre completo de la persona en un trozo de raíz de ruibarbo y posteriormente enterrarlo a la orilla de un arroyo, riachuelo o quebrada.

SÁBILA / ALOE VERA– *Aloe vera*

Nombre en inglés	**Aloe**
Planeta regente	**Luna**
Elemento	**Agua**
Género	**Femenino**

Originaria del continente africano, la sábila se ha venido utilizando con propósitos curativos desde hace más de cuatro mil años. En la antigua Grecia era utilizada para aliviar úlceras y padecimientos menores en el área genital masculina. En Egipto se le consideró una de las hierbas más solicitadas por Cleopatra, quien la usaba en sus rituales de belleza.

El gel fresco de la sábila tiene un sinnúmero de aplicaciones médicas, alivia la piel reseca, las heridas menores, las hemorroides, las picaduras de insectos y las quemaduras; borra paños, manchas, cicatrices y estrías. Cuando se ingiere por medio de cápsulas previene el insomnio, los parásitos, la amigdalitis y la congestión bronquial.

La sábila constituye una materia prima en la elaboración de jabones, champú, cremas, aceites y ungüentos que gozan de gran demanda en la industria cosmética.

Propiedades medicinales

Purgativo, desinfectante, tónico, controla el fluido biliar, sedativo y ayuda en la regeneración de los tejidos.

Propiedades místicas

Desde siempre se la ha considerado una planta de buena suerte, antiguos mitos recomiendan tener sábilas plantadas en el jardín y en macetas, conforme vayan creciendo así crecerá la economía del propietario.

SALVIA– *Salvia officinalis*

Nombre en inglés	**Sage**
Planeta regente	**Júpiter**
Elemento	**Aire**
Género	**Masculino**

Ha sido una hierba utilizada para curar y promover una larga vida, en Grecia fue ofrecida a Zeus para obtener de él favores divinos, asimismo la ofrecían los romanos a Júpiter.

En China era utilizada para prevenir el temido mal de ojo y curar las mordeduras de serpientes. Un popular dicho afirma que todo aquel que anhele ser longevo y fuerte como un rayo, deberá tomar té de salvia durante todo el mes de mayo.

La infusión de la salvia es recetada ampliamente para aliviar padecimientos como la menstruación dolorosa, inflamación de los ovarios, leucorrea y desórdenes renales. El enjuague bucal es indicado para curar la amigdalitis, las úlceras bucales y las enfermedades de las encías. Para eliminar las canas y devolver el color original del cabello son recomendados los enjuagues diarios con agua de salvia. El té en ayunas es sugerido para inducir el embarazo.

Propiedades medicinales

Tónico estimulante, aperitivo estomacal, astringente, antiséptico, antibiótico y reduce los niveles de azúcar en la sangre.

Propiedades místicas

Los chamanes nativos de Norteamérica queman con frecuencia los tallos secos de la salvia, con ello entran en contacto con sus guías espirituales y espíritus protectores. Un trozo de la raíz es colocado debajo de la cama para inducir sueños proféticos.

VALERIANA– *Valeriana officinalis*

Nombre en inglés	**Valerian**
Planeta regente	**Venus**
Elemento	**Agua**
Género	**Femenino**

El médico griego Claudio Galeno ya recetaba a sus pacientes la valeriana como tranquilizante hace más de veintidós siglos. Según cuenta una leyenda popular, Cleopatra utilizaba el extracto de la valeriana añadiéndolo a las bebidas que ofrecía a los altos funcionarios y militares que la pretendían, con ello lograba un doble poder de seducción.

La parte más utilizada es la raíz, con ella se preparan infusiones y tinturas especialmente indicadas para evitar el insomnio, calmar la ansiedad, reforzar el sistema circulatorio y bajar la presión alta. Las compresas son indicadas para reducir inflamaciones y dolores musculares. Los enjuagues son recetados para cicatrizar heridas y sanar úlceras. Al dejar reposar la raíz en un poco de agua durante ocho horas se obtendrá un sedante carente de efectos secundarios, poderosamente útil para regular la presión sanguínea, disipar el mal humor y promover el relajamiento.

Propiedades medicinales

Calmante, expectorante, anti-espasmódico y diurético.

Propiedades místicas

Para aquellos que experimentan con frecuencia sueños sombríos o pesadillas repetitivas, lo que deben hacer para evitarles será colocar dentro de la almohada un saquito azul relleno de raíces secas de valeriana. Se recomienda hacerlo un día de luna nueva.

YOHIMBINA– *Pausinystalia yohimbe*

Nombre en inglés	**Yohimbe**
Planeta regente	**Marte**
Elemento	**Fuego**
Género	**Masculino**

Según datos históricos esta hierba ya se conocía desde la época de las primeras dinastías egipcias, ya que los hombres de ciencia de aquel entonces la recomendaban especialmente para curar padecimientos genéricos del sexo fuerte. En Roma se le conoció como una fuente de virilidad para los hombres que sobrepasaban su cuarta década de vida.

Actualmente se pueden encontrar en el mercado una gran variedad de cápsulas y píldoras fabricadas con la hierba, las cuales prometen aumentar la potencia y el vigor sexual a cualquier edad. También se le reconoce como antídoto contra la impotencia, la falta de deseo y la eyaculación precoz. La yohimbina induce a la pasión sexual, promueve las erecciones prolongadas y actúa como agente rejuvenecedor en el organismo masculino.

Propiedades medicinales

Alcaloide afrodisíaco

Propiedades místicas

Un particular adagio afirma que todo aquel varón que ingiera diariamente yohimbina y menta se mantendrá sexualmente activo aunque pase de los sesenta.

CAPÍTULO 5

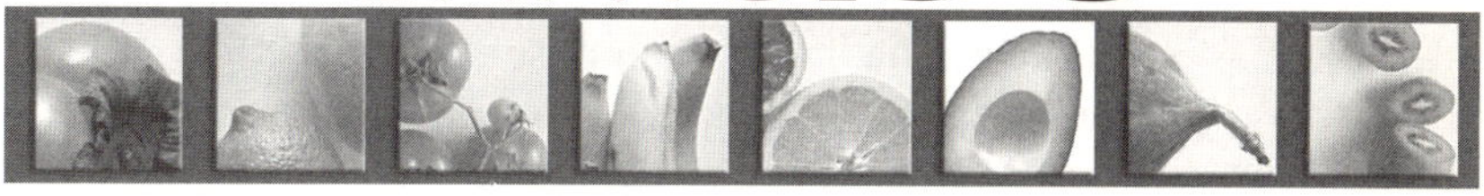

Jugos y Licuados

Los vegetales, las legumbres y las frutas al ser hervidos, procesados y expuestos a altas temperaturas pierden gran parte de su riqueza mineral y vitamínica, por lo tanto, la mejor manera de aprovechar al máximo sus riquezas orgánicas es ingiriéndolos crudos por medio de jugos, licuados y ensaladas frescas. Ya ha sido demostrado científicamente que uno de los caminos que conducen al goce de una vida sana en la cual se prolongue la juventud es por medio de una alimentación nutritiva, balanceada y natural. En ese sentido las frutas y los vegetales nos brindan toda su variedad de exquisitos sabores y consistencias para que seamos nosotros mismos quienes experimentemos en la creación de bebidas que cumplan a cabalidad con nuestros gustos favoritos. Puede parecer una exageración pero desde que comencé a tomar un licuado de papaya como parte del desayuno diario, me siento sumamente saludable, animado y siempre manifiesto buen humor.

Los jugos y licuados descritos en este capítulo son producto de la recopilación e investigación en diversas zonas geográficas y culturas gastronómicas. Cada uno de ellos ha sido seleccionado por su exquisito sabor, propiedades preventivas e impacto saludable y benéfico que producen en los consumidores.

Para mantenernos saludables es necesario dejar a un lado las bebidas sintéticas saturadas de preservativos y sustancias inconvenientes, causantes de adicción y obesidad entre tantas otras reacciones adversas; lo más aconsejable es habituarnos al consumo periódico de suculentos jugos y deliciosos licuados, elixires de la naturaleza que al contrario de las bebidas anteriormente mencionadas, nos proporcionan mayor energía, eluden trastornos en la salud e incrementan nuestra potencia física al máximo. Los jugos y licuados no acaban con padecimientos que precisan una intervención quirúrgica, tampoco curan enfermedades terminales, pero si prometen prevenirlas gracias a las salutíferas propiedades que disfrutan de las cuales podemos convertirnos en afortunados usufructuarios.

AMBROSIA TROPICAL

Ingredientes

2 porciones de papaya
2 porciones de melón
2 porciones de zapote
2 vasos de agua
3 cubos de hielo
1 rodaja de ciruela
1 rodaja de fresa
1 cereza
azúcar al gusto
una pizca de canela en polvo

Procedimiento

Licue todos los ingredientes con los dos vasos de agua y los tres cubos de hielo, añada azúcar al gusto y espolvoree la canela en polvo. Finalmente decore con la cereza y las rodajas de fresa y ciruela.

La enzima de la papaya, el beta caroteno del melón y la vitamina E que contiene el zapote se fusionan en este licuado que desde hace décadas goza de gran popularidad por sus efectos rejuvenecedores en diversas regiones tropicales. Se recomienda tomarlo al menos tres veces a la semana. En cuestión de días comenzará a notar los primeros resultados que se reflejarán en gran medida en la piel del rostro y las manos. Además es ampliamente recomendado para reforzar la visión y hasta curar padecimientos menores asociados a la vista y el olfato. Si le es difícil encontrar el zapote, puede sustituirlo con una guayaba dulce (fresca o enlatada).

ELIXIR DE LA JUNGLA

Ingredientes

1 mango maduro en porciones
1 guayaba dulce
1 porción de aguacate
2 vasos de agua
1 pizca de sal
1 rodaja de naranja
azúcar al gusto

Procedimiento

Licue todos los ingredientes hasta que la mezcla luzca uniforme, si desea puede añadirle hielo triturado, la pizca de sal se agrega al final. Decore el licuado con la rodaja de naranja antes de servirlo.

Todas las propiedades vitamínicas del mango y el aguacate se entre mezclan con la vitamina C y la riqueza mineral de la guayaba y el producto final presenta un elixir apropiado para reponerse de una noche de desvelo. El licuado es además apropiado para mantener la frescura en el rostro, eliminar la grasa excesiva en el mismo y asistir en la eliminación de arrugas prematuras, por tal motivo se recomienda ingerirlo una o dos veces a la semana.

Si no puede encontrar una guayaba fresca puede sustituirla por dos guayabas en conserva o enlatadas.

TRES MANJARES

Ingredientes

1 vaso de jugo de naranja

1 mango maduro en porciones

1 rodaja de melón

1 vaso de agua

2 rodajas de ciruela

hielo triturado

azúcar al gusto

Procedimiento

Licue con el agua las porciones del mango, la rodaja de melón y el azúcar. Posteriormente agregue el jugo de naranja hasta que la mezcla quede talmente uniforme, añada el hielo y decore con las dos rodajas de ciruela.

La vitamina A del melón junto a la vitamina C de la naranja y el mango más los minerales fortificadores que las tres frutas poseen, crean una mezcla vigorosa cuyo resultado es un licuado capaz de aminorar y mejorar condiciones de la vista, además se indica como preventivo para evitar contraer padecimientos como la influenza y la mayoría de afecciones menores que suelen atacar durante el invierno (si es el caso entonces omita el hielo). Incluso se le considera como un potente afrodisíaco capaz de intensificar el deseo sexual sin importar la edad. Se recomienda consumirlo como complemento del desayuno al inicio de la semana.

TUTTI FRUTI

Ingredientes

1 manzana verde

5 fresas

10 cerezas

1 porción de sandía

1 porción de melón
1 mandarina
2 ciruelas
3 vasos de agua
1 rodaja de naranja
hielo triturado
azúcar al gusto

Procedimiento

Licue con el agua las fresas, nueve cerezas, la sandía, el melón, la mandarina y las ciruelas, agregue el azúcar al gusto y el hielo triturado. Al final decore con la rodaja de naranja y la cereza restante.

La mixtura de las vitaminas A, B y C que conforman la lista de las frutas junto al hierro, sodio y potasio entre otros minerales, dan como resultado una de las bebidas que ha sido catalogada como una de las fuentes de la eterna juventud. Es tan prodigiosa su acción revitalizadora en todo el organismo que muchos han dado testimonio de haberse aliviado de prolongados trastornos en el aparato digestivo, únicamente ingiriendo con frecuencia este licuado que desde hace más de dos décadas se le considera como un brebaje milagroso.

El licuado también se recomienda para curar el acné, despertar el apetito, evitar el mal aliento, además se le considera como un afrodisíaco eficaz.

NÉCTAR DEL OLIMPO

Ingredientes

2 vasos de agua de coco
$1/4$ de taza de coco rallado
$1/2$ cucharada de esencia de vainilla
1 pequeña rodaja de piña
5 cubos de hielo
1 rodaja de naranja
1 margarita amarilla (opcional)
azúcar al gusto

Procedimiento

Licue con el agua de coco el coco rallado y la rodaja de piña, luego disuelva la esencia de vainilla, agregue el azúcar al gusto y los cubos de hielo. Para darle un toque tropical a la bebida, puede decorar con una rodaja de naranja y una pequeña margarita amarilla.

La abundante cantidad de proteínas que posee el coco se conjuga naturalmente con las vitaminas B y C de la piña dando como resultado una deliciosa bebida energizante muy propicia para reponer la energía después de una larga sesión de ejercicio físico. Además se recomienda para agilizar la memoria, desvanecer el estrés, calmar la fatiga, levantar el ánimo y reforzar las reservas naturales orgánicas de calcio y potasio. Se recomienda consumir el licuado como parte o complemento del desayuno.

Se le considera como un brebaje preventivo contra los trastornos óseos.

DELICIAS DEL CAMPO

Ingredientes

1 porción de sandía
7 fresas
1 ½ vaso de leche
1 cereza
hielo triturado
azúcar al gusto
canela en polvo

Procedimiento

Licue junto a la leche la porción de sandía y las fresas, añada azúcar al gusto y hielo triturado. Para finalizar decore con la cereza y espolvoree la canela.

Este licuado presenta una variada conjunción de vitaminas como B, C y D junto a minerales como el calcio, fósforo y silicio entre otros, que al ser combinados producen una bebida sumamente deliciosa, energizante y muy nutritiva, recomendada como sustituto ocasional del desayuno para aquellas personas que estén haciendo dieta o que simplemente les sea difícil tomar el primer alimento del día debido al diario ajetreo y las obligaciones matutinas.

DULZURA SILVESTRE

Ingredientes

12 cerezas
6 fresas
el jugo de media granada
1 vaso de agua
1 rodaja de manzana roja
azúcar al gusto
hielo triturado

Procedimiento

Primeramente extraiga aparte el jugo de la media granada, licue con el agua la docena de cerezas y una por una vaya añadiendo a la licuadora las fresas. Agregue el hielo triturado, azúcar al gusto y al final diluya en la mezcla el jugo de la granada. Antes de servir decore con la rodaja de manzana.

Las vitaminas A y C se encuentran entrelazadas con el fósforo, potasio y otros minerales creando un néctar propicio para calmar la sed después de una larga caminata, una tarde en la playa o una noche de rumba. El licuado actúa como dínamo que provee de vitalidad al organismo y hace que su consumidor se convierta en un derroche de simpatía y buen humor.

Esta bebida es considerada como un soberbio diurético y refrescante del organismo, ideal para disfrutarla en un día de campo y en esas tardes veraniegas cuando el sol dador de vida refleja toda su potencia y esplendor, además ayuda a evitar la insolación.

SUEÑO EXÓTICO

Ingredientes

1 vaso de jugo de naranja
½ vaso de agua
1 rodaja de piña
1 cucharada de jugo de limón
4 fresas
1 rodaja de naranja
la mitad de una pera
azúcar al gusto

Procedimiento

Licue con el agua y el jugo de naranja, la rodaja de piña, la mitad de la pera y las cuatro fresas, acto seguido añada la cucharada de jugo de limón y agregue azúcar al gusto. Finalmente decore con la rodaja de naranja.

En esta bebida encontramos grandes cantidades de vitaminas B y C, asimismo minerales como el hierro, calcio y fósforo entre otros. El licuado es ideal para contrarrestar la debilidad, el desánimo, fatiga excesiva y resulta benéfico para prevenir los resfriados y las alergias de estación. Se recomienda tomarlo a la hora de la cena o un par de horas antes de ir a la cama ya que induce a un sueño profundo en el que aparecerán mensajes oníricos con pronósticos reveladores.

OASIS DEL ORIENTE

Ingredientes

12 uvas negras
½ docena de higos bien maduros
2 vasos de agua
1 taza de jugo de naranja
1 rodaja de manzana

azúcar al gusto
hielo triturado
una rodaja de ciruela

Procedimiento

Licue con el agua las uvas y los higos, posteriormente cuele la mezcla, añada el jugo de naranja y agregue hielo triturado y azúcar al gusto. Finalmente decore con las rodajas de manzana y ciruela.

Por su rica cantidad de vitaminas A, B, C, este licuado se considera como un elixir natural altamente recomendado para aliviar trastornos digestivos menores como la indigestión, pesadez estomacal y la acidez. También se recomienda como preventivo contra los padecimientos de la garganta. La bebida actúa como fuente de energía para el organismo, resulta conveniente disfrutarla para agilizar la memoria, revitalizar la piel y cargarse de optimismo cuando recién comienza una nueva semana laboral.

ILUSIÓN ROMÁNTICA

Ingredientes

½ pera
1 durazno
1 rodaja de melón
2 vasos de agua
3 pétalos de rosa roja
1 rodaja de lima
1 frambuesa
hielo triturado
azúcar al gusto

Procedimiento

Licuar con el agua la media pera, el durazno, la rodaja de melón y los pétalos de rosa roja, agregar hielo triturado y azúcar al gusto. Finalmente decorar con la rodaja de lima y la frambuesa.

Una importante cantidad de vitaminas A, B, C acompañadas de minerales energéticos, promueven la creación de este licuado que ha sido eficazmente recomendado para regular los procesos de la digestión, aliviar el estrés y evitar padecimientos de la sangre. Además se reconoce como una fuente de fibra y estimulante del buen apetito. Cuando la bebida es compartida por una pareja se intensificarán los sentimientos y los deseos de amor de uno por el otro.

BREBAJE CELESTIAL

Ingredientes

1 porción de melón
1½ vaso de leche
3 cucharadas de miel
½ cucharada de vainilla
2 moras
la mitad de un banano
canela en polvo

Procedimiento

Licue con la leche el melón, la mitad del banano y las tres cucharadas de la miel. Acto seguido agregue la media cucharada de vainilla y mezcle hasta que quede bien disuelta. Antes de servir decore con las dos moras y espolvoréeles canela en polvo alrededor.

La vitamina A del melón, la vitamina B del banano y la vitamina D que posee la leche se fusionan con el calcio, fósforo y otros minerales para crear una exquisita bebida que es considerada como el remedio natural para levantar el ánimo a niños y jovencitos que se muestran decaídos, tristes o desanimados. La mezcla de los ingredientes crea una profunda sensación de bienestar en el organismo, además de fortalecerlo, previniendo al mismo tiempo la tisis, anemia y otros padecimientos debilitantes. Se recomienda beber este licuado antes de emprender un viaje que dure varias horas.

JUGO DE LAS HADAS

Ingredientes
10 moras
10 frambuesas
5 fresas
2 vasos de agua
una hoja de menta
azúcar al gusto
hielo triturado
una cereza
una rodaja de naranja

Procedimiento

Licue con el agua las moras, las frambuesas, las fresas y la hoja de menta, añada el hielo triturado y el azúcar al gusto. Cuando ya esté preparado decore con la cereza y la rodaja de naranja.

Todo el poder vitamínico del complejo B, la vitamina C y minerales como el hierro, fósforo y potasio, se mezclan en la creación de una bebida suprema y apetitosa, altamente recomendada para regular las funciones circulatorias, prevenir la palidez, eliminar las decoloraciones de la piel y principalmente inyectar una dosis de energía cuando se enfrenta el inevitable cansancio después de atravesar uno de esos días saturados de obligaciones y diligencias. Este licuado es considerado el extracto predilecto que se ha de consumir antes de realizar un ritual de magia.

PÓCIMA DE AMOR

Ingredientes

1 banano bien maduro
3 fresas
1 vaso de leche
1 cereza
una pizca de canela en polvo
azúcar al gusto
hielo triturado

Procedimiento

Licue a velocidad moderada la leche, las fresas y el banano, posteriormente agregue azúcar al gusto y el hielo triturado. Al final decore con la cereza y espolvoree una pizca de canela en polvo alrededor de la misma.

Las propiedades y virtudes afrodisíacas de la canela y el banano unidas a la vitamina D de la leche y las vitaminas y minerales contenidos en las fresas, interactúan entre si dando como resultado una pócima que además de inducir al disfrute de las mieles del romance y la pasión, también estimula el sentido del tacto haciendo que el consumidor se muestre más sensible ante las caricias. El licuado constituye un alimento estupendo para iniciar el día ya que ayuda a regular las funciones digestivas y provee de energía al organismo.

DULCE ENCANTO

Ingredientes

2 ciruelas
5 fresas
5 moras
5 frambuesas
1 cereza
2 vasos de agua
hielo triturado
una rodaja limón
azúcar al gusto

Procedimiento
Licue con el agua las fresas, las ciruelas, las frambuesas y las moras, añada azúcar al gusto y hielo triturado. Decore antes de servir con la rodaja de limón y la cereza.

Una buena dosis de hierro junto a las vitaminas B y C siempre es bien recibida por el organismo ya que se transforma inmediatamente en una sustancia purificadora de la sangre, y en aliada del sistema circulatorio. Este dulce brebaje se recomienda para conservar la higiene en las vías urinarias y estimular el buen funcionamiento del hígado. Se aconseja beberlo dos veces por semana para mantener una piel saludable, un tono atractivo en el rostro y una sonrisa contagiosa.

DELICIA NATURAL

Ingredientes
$1/4$ taza de zanahoria rallada
1 porción de melón
$1\,1/2$ vasos de jugo de naranja
3 cucharas de miel
1 rodaja de manzana
1 rodaja de ciruela
hielo triturado

Procedimiento
Endulce con la miel el jugo de naranja, acto seguido licue con el mismo la zanahoria y la porción de melón. Al final agregue el hielo triturado y decore colocando juntas la rodaja de manzana y la rodaja de ciruela.

Las vitaminas A y C se conjugan en este licuado que ha sido considerado como el mejor aliado de la buena salud del sistema respiratorio y de la vista, además son innumerables sus acciones benéficas para el buen mantenimiento de la piel, la textura de las uñas y el cuerpo y brillo del cabello. Se recomienda beberlo antes de pasar largas horas frente al computador o si se ha de dedicar un tiempo prolongado a la lectura. También se aconseja tomarlo como preventivo ante el catarro, la gripe y las alergias causadas por el polen de las flores. Esta poción tiene propiedades excitantes que provocan la pasión masculina.

ROCÍO MATINAL

Ingredientes

½ vaso de jugo de toronja
½ vaso de jugo de naranja
1 mandarina entera
2 hojas frescas de menta
1 cucharada de jugo de limón
½ vaso de agua
1 rodaja de lima
azúcar al gusto

Procedimiento

Mezcle el jugo de toronja con el de naranja y lícuelos con la mandarina y las hojas de menta. Seguidamente añada el agua, la cucharada de jugo de limón y endulce al gusto. Decore con la rodaja de lima antes de servirlo.

La fusión de la vitamina C junto al potasio, cloro y magnesio entre otros minerales, presenta como producto final una pócima altamente energética capaz de devolverle la vitalidad perdida a quien haya atravesado por una enfermedad leve, también se receta para aminorar padecimientos respiratorios y prevenir contagios ya que se le considera un refuerzo del sistema inmunológico. El rocío matinal actúa como aliado benéfico de la piel manteniendo su textura, suavidad, evitando al mismo tiempo molestos padecimientos como el acné y las espinillas. Se aconseja beberlo en el desayuno.

MAGIA DE LA NOCHE

Ingredientes

1 marañón bien maduro

$^{1}/_{2}$ guayaba

$^{1}/_{2}$ pera

1 rodaja de manzana verde

1 mora

dos vasos de agua

canela en polvo

azúcar al gusto

hielo triturado

Procedimiento

Licue con el agua el marañón, la mitad de la pera y la mitad de la guayaba. Añada el hielo y agregue el azúcar al gusto. Al tenerlo listo decore con la rodaja de manzana, la mora y espolvoree alrededor de ésta la canela en polvo. El marañón puede ser sustituido por una rodaja de piña.

Esta sabrosa bebida contiene vitaminas B y C y una buena cantidad de minerales que se mezclan entre si para ofrecer un brebaje refrescante que asiste en la eliminación de trastornos estomacales, especialmente los causados por la indigestión, al mismo tiempo se le considera como un vigoroso afrodisíaco capaz de alimentar la pasión de cualquiera. Se recomienda beberlo de noche, a la hora de la cena o antes de salir a disfrutar de una noche de copas ya que además previene la intoxicación alcohólica.

MIELES DEL OTOÑO

Ingredientes

2 persimmons
1 rodaja de melón
1 porción de papaya
2 vasos de agua
1 frambuesa
5 cubos de hielo
canela en polvo
una rodaja de naranja
azúcar al gusto

Procedimiento

Licue con el agua los persimmons, la rodaja de melón, la porción de papaya y el azúcar al gusto que desee añadir. Posteriormente añada el hielo, decore con la rodaja de naranja y la frambuesa y sobre la misma espolvoree canela en polvo.

La bebida contiene vitaminas A, B, C y E junto a una buena cantidad de minerales que se combinan para ofrecer una pócima deliciosa, benéfica para la conservación de la piel y fiel antagonista de las líneas de expresión y las arrugas prematuras. El licuado resulta sorprendentemente efectivo para ahuyentar la melancolía, la angustia y la tensión.

Beba las mieles del otoño para eliminar la depresión y alimentar la alegría de vivir de una manera natural.

PURA VIDA

Ingredientes

1 vaso de jugo de tomate
1 pequeña porción de apio
6 rodajas de pepino
1 cucharada de salsa de soya

2 ramitas de cilantro
½ taza de jugo de naranja
1 rodaja de limón
una pizca de sal

Procedimiento

Licue con el jugo de tomate, la porción de apio, las ramitas de cilantro y las rodajas de pepino. Posteriormente agregue el jugo de naranja, la salsa de soya, mezcle hasta que la bebida luzca completamente homogénea. Al final añada la pizca de sal y decore con las rodajas de naranja y limón.

Además de la abundante cantidad de vitaminas A, B, C y E que presentan los ingredientes, también se hacen presentes minerales como el hierro, el calcio y potasio entre otros, logrando que el producto final actúe como un tónico fortalecedor del sistema circulatorio, además se recomienda ingerirlo para reponer la cantidad de líquidos y fluidos corporales después de actividades extenuantes. Igualmente se le considera como aliado de la buena salud e inductor de una noche de sueños placenteros.

PLACER CAMPESTRE

Ingredientes

½ vaso de jugo de tomate
½ vaso de jugo de naranja
3 hojas de menta
2 hojas de cilantro
1 cucharada de azúcar
½ cucharada de té de valeriana
1 rodaja de limón
una pizca de sal

Procedimiento

Mezcle el jugo de tomate con el de naranja y licue con la mixtura las hojas de menta, el cilantro y la media cucharada de té de valeriana. Agregue el azúcar y la pizca de sal. Al finalizar adorne con la rodaja de limón.

El placer campestre contiene una buena cantidad de vitaminas B y C, además de hierro, calcio y potasio que al ser combinados dan como resultado un saludable y exquisito licuado propicio para reponer las fuerzas, fortificar el sistema nervioso, calmar el estrés, eliminar la depresión y aminorar los sentimientos de tribulación y tristeza. Si quiere disfrutar de un día pleno, sin presiones ni sobresaltos, este jugo será el mejor amigo de sus planes. Además puede tomarlo por la noche para anular el insomnio.

SECRETO VEGETAL

Ingredientes

1 1/2 de jugo de tomate
1/2 vaso de agua
1/2 zanahoria
1/2 remolacha cocida
2 rodajas de lima
una cucharada de jugo de lima
unas hojas de apio
una pizca de sal

Procedimiento

Licue con el jugo de tomate la zanahoria, la remolacha y el apio, acto seguido añada el agua para suprimir el exceso de espesor, agregue el jugo de lima, la pizca de sal y para finalizar decore con las rodajas de lima.

El secreto vegetal es rico en vitaminas A, B y C, asimismo contiene una cuantía apropiada de minerales entre ellos: hierro, calcio y magnesio que al fusionarse crean un extracto poderoso que le provee al organismo una potente dosis de energía, ayudando a acelerar el metabolismo y produciendo en el consumidor una sensación de bienestar. La bebida es considerada como un afrodisíaco insuperable que logra su objetivo a cabalidad cuando otros métodos y sustancias han fracasado.

A TU SALUD

Ingredientes

1 1/2 vaso de jugo de tomate
6 ramitas de berro
2 hojas de espinacas
1 rodaja de naranja
1 rodaja de lima
una pizca de sal
una pizca de orégano

Procedimiento

Licue con el jugo de tomate las ramitas de berro, las hojas de espinaca y la pizca de orégano.

Cuando esté listo añada la pizca de sal y finalmente decore con la rodaja de naranja y la rodaja de lima.

La abundante cantidad de vitamina B del tomate, el berro y las espinacas se funden con el hierro, el sodio y el potasio y se obtiene como producto final más que un licuado, un elixir promotor de la buena salud, recomendado para prevenir la anemia y la tisis, además fomenta en el usuario una sensación de bienestar y le predispone al buen humor. Esta bebida es adecuada consumirla antes de efectuar una caminata o una larga sesión de ejercicios aeróbicos.

TÓNICO PODEROSO

Ingredientes

2 vasos de jugo de tomate
1/2 vaso de jugo de naranja
1/2 taza de remolacha cocida cortada en trozos
3 rodajas de rábano
1 rodaja fina de cebolla morada
1 hoja de espinacas
1 ramito de cilantro
1 ramito de perejil
2 rodajas de limón
una pizca de sal

Procedimiento

Licue con el jugo de tomate la remolacha, el rábano, la cebolla, la hoja de espinacas y la rama de perejil. Añada el jugo de naranja, disuelva la pizca de sal y finalmente decore con el cilantro y las dos rodajas de limón.

Las propiedades energizantes de esta bebida se encuentran fusionadas en la combinación de las vitaminas A, B y C, junto a una singular cantidad de minerales que producen en el organismo una sensación de fortaleza casi instantánea. Se recomienda beberle para reponerse de una noche de juerga, también cuando se ha abusado de la comida y la bebida durante un día festivo. El tónico poderoso es realmente efectivo para estimular el apetito, desacelerar el proceso de envejecimiento y prevenir la calvicie.

PÓCIMA ENERGIZANTE

Ingredientes

1/2 vaso de jugo de tomate
1/2 vaso de jugo de naranja
1/2 zanahoria
1/2 cucharada de semillas de ajonjolí

1 cucharada de jugo de mandarina
1 cucharada de rábano machacado
2 rodajas de limón
una pizca de sal

Procedimiento

Licue la zanahoria, el rábano y el ajonjolí junto a los jugos de tomate y naranja, posteriormente disuelva en la mezcla la cucharada de jugo de mandarina, agregue la pizca de sal y al finalizar decore con las rodajas de limón.

El hierro, el magnesio y el potasio unidos a las vitaminas A, B y C, dan paso a la creación de un licuado portentoso y saludable que además de ayudar al proceso del rejuvenecimiento, también fomenta el mantenimiento de una buena figura, evita los padecimientos sanguíneos y promueve el apetito sexual. Esta bebida afrodisíaca es tan potente que ha sido recibida por muchos consumidores como una especie de viagra vegetal.

EXTRACTO PURIFICADOR

Ingredientes

1 vaso de jugo de tomate
$^1/_2$ vaso de jugo de naranja
$^1/_2$ taza de zucchini cortado en trozos
1 hoja de lechuga
1 rama de perejil
2 rodajas de lima
una pizca de sal

Procedimiento

Licue con el jugo de tomate la lechuga, el perejil y el zucchini hasta que formen una consistencia homogénea. Posteriormente añada el jugo de naranja y la sal, mézclelo todo y decore con las dos rodajas de lima antes de servirlo.

Aquí encontramos entrelazadas las vitaminas A, B y C junto a una adecuada dosis de minerales como el hierro, el cloro, el magnesio y el potasio entre otros. El jugo es ampliamente recomendado para purificar la sangre, aliviar la congestión estomacal y estimular la energía corporal. Además se recomienda para brindarle una tonalidad fresca, juvenil y radiante a la piel. Esta bebida ha sido catalogada como un afrodisíaco portentoso para el sexo femenino.

ZUMO VIGOROSO

Ingredientes

½ vaso de jugo de tomate
½ vaso de jugo de toronja
1 vaso de agua
½ taza de repollo rallado
1 hoja de lechuga
2 ramitas de cilantro
1 rodaja de limón
hielo triturado

Procedimiento

Licue con el agua las dos ramitas de cilantro, la media taza de repollo rallado y la lechuga, en otro recipiente mezcle el jugo de tomate y el jugo de la toronja hasta que la bebida luzca totalmente homogénea, posteriormente combine las dos mezclas y si prefiere agregue hielo triturado. Al finalizar decore el licuado con la rodaja de limón.

La vitamina B y C y minerales como el hierro y el potasio contenidos en los ingredientes de este elixir natural crean una mezcla portentosa capaz de devolverle toda la vitalidad y potencia incluso al más débil. Tiene una acción regeneradora en todo el organismo.

El zumo vigoroso es la bebida ideal para recobrar la fuerza y la energía después de una larga noche de pasión. También se recomienda para reponerse de un día de trabajo agotador. La bebida es ampliamente recetada para inducir y recobrar el apetito.

CAPÍTULO 6

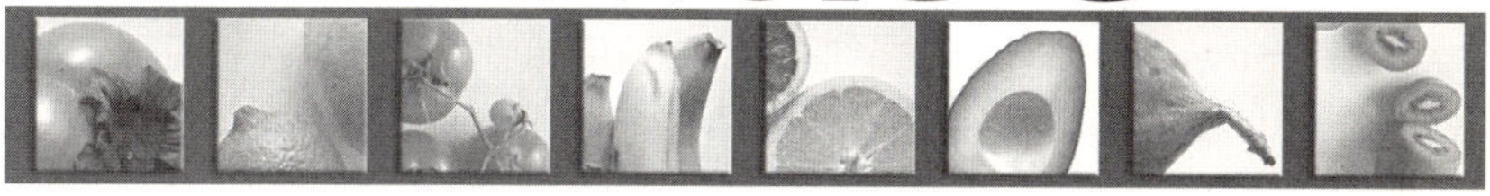

Postres

Cuando escuchamos la palabra postre, lo primero que viene a nuestra mente es 'dulce', un bocadillo que nos endulzará el momento creando una sensación de bienestar en el paladar, como una recompensa, un agasajo, y para algunos hasta un pecadillo, especialmente quienes se encuentren en una dieta para bajar de peso.

Los postres pueden venir en diferentes presentaciones desde muy sencillos y módicos como una fruta fresca, hasta uno muy elaborado y costoso como los que encontramos en restaurantes franceses especializados en la alta cocina; los hay ricos y bajos en calorías y a la vez muy nutritivos. Los postres constituyen una parte importante en nuestra alimentación, no solamente para el cuerpo físico sino también para nuestro espíritu.

La costumbre del deleite con un platillo dulce después de la comida se remonta a siglos atrás en las cortes francesas de la época medieval, cuando se solía ingerir una fruta después del sustento para lograr una buena digestión, ya que las frutas contienen enzimas, las cuales ayudan al estómago a procesar mejor los alimentos, especialmente ciertas proteínas difíciles de digerir, también la falta de higiene y refrigeración de aquellos tiempos daba lugar a una rápida descomposición e intoxicación de los mismos, y las frutas servían como una forma de antídoto o preventivo.

La Naturaleza nos brinda todo lo que necesitamos para sobrevivir en este mundo y más.

Las frutas y los vegetales, además de ser alimentos vigorizantes y asistir en nuestras funciones fisiológicas, poseen propiedades místico-mágicas, las cuales al ser influenciadas con las técnicas propicias se convierten en fuente inagotable de energía que podemos usar para nuestro beneficio y el del prójimo.

Las recetas de este capítulo se pueden disfrutar y compartir en ocasiones propicias, del mismo modo podemos tomar ventaja de lo recién mencionado creando y practicando rituales mágicos con la ayuda de tan maravillosos productos de la madre tierra.

HIGOS EN ALMÍBAR

Este postre es adecuado para disfrutarlo en una noche especial con el ser amado, se encienden dos velas color dorado y se dedican a Isis, la diosa egipcia del amor. Es un postre afrodisíaco.

Ingredientes

15 higos
3 tazas de agua
2 tazas de azúcar
2 rajas de canela

Procedimiento

Se lavan muy bien los higos, luego se colocan en una olla mediana junto con el agua, azúcar y canela, cocerlos a fuego mediano, moviendo con cuidado periódicamente hasta conseguir una consistencia de miel. Déjese enfriar y servirlos solos o acompañados del helado de su preferencia.

Variaciones
Se le puede agregar un poco de extracto de vainilla, un cuarto de taza de licor, o ambos.

Sirve
4 a 5 porciones

BUDÍN DE PAN

Para unir a la familia y traer armonía al hogar, se aconseja servir este postre en honor a Gea, la madre tierra, dando gracias por sus bendiciones.

Ingredientes
1 libra de pan (rodajeado o francés)
1 taza de azúcar (morena o piloncillo)
1 taza de leche
2 huevos
1 cucharada de extracto de vainilla
½ barra de mantequilla derretida
½ taza de pasas

Procedimiento
Con la leche deshacer el pan, luego agregarle el azúcar, la vainilla, mantequilla, los huevos y las pasas, incorporar muy bien. Colóquese esta pasta en un recipiente engrasado y hornear a 400 grados F. por 1 hora hasta que al insertar un cuchillo en el centro, su hoja salga limpia. Déjese enfriar y servirlo solo, con miel de maple, conserva de fruta o con helado.

Variaciones
Se puede agregar frutas frescas a la pasta como: piña, banano, ciruela. También se le puede añadir un poco de licor.

Sirve
6 a 8 porciones

PERAS PARISIENSES

Para atraer abundancia al hogar y que todos nuestros proyectos se realicen. Quemar incienso de jazmín mientras se saborea este postre.

Ingredientes

5 peras maduras pero firmes
4 tazas de agua
1 taza de azúcar
1 cucharadita de vainilla
1 raja de canela
1/2 taza de brandy
1/2 taza de arándano
4 clavos de olor
1 cucharadita de cáscara de naranja rayada

Procedimiento

Las peras se pelan y cortan por mitad a lo largo, quitándoles el centro con las semillas. En una olla mediana se ponen las peras, el agua, azúcar, canela, vainilla, clavos, cáscara de naranja y brandy. Cocer a fuego mediano hasta que las peras estén cocidas pero sin deshacerse, luego removerlas del líquido y ponerlas en un plato. Se sigue cociendo el líquido hasta que este a punto de miel (agregar un poco más de azúcar si es necesario). Servir cada porción de peras rociadas con un poco de la miel tibia y unos cuantos arándanos, adornarla con una ramita de menta.

Sirve

5 porciones

CALABAZA EN LECHE

Para pedir por un amor verdadero, dedíquese este postre a Oshún, deidad de la belleza y señora de los ríos. Se enciende una vela color dorado y se disfruta.

Ingredientes

1 a 1½ libra de calabaza
4 tazas de leche
3 tazas de azúcar
1 raja de canela
½ cucharadita de nuez moscada

Procedimiento

Mezclarse la leche, azúcar, canela y nuez moscada, acto seguido agregarle la calabaza cortada en pequeños pedazos y cocer a fuego mediano hasta que comience a hervir, posteriormente bajar el fuego y seguir cociendo, moviendo de vez en cuando, por 1½ a 2 horas. Este delicioso postre puede servirse tibio o frío, dependiendo del gusto.

Sirve

4 a 6 porciones

MANJAR DE FRESA

Cuando se quiere atraer belleza y sensualidad, servir este postre en nombre de Afrodita y saborearlo a la luz de una vela roja o color escarlata.

Ingredientes

3 tazas de fresas
½ taza de azúcar
2 yemas de huevo
½ taza de crema
½ cucharadita de extracto de vainilla

Procedimiento

Rodajear las fresas y colocarlas en un recipiente levemente engrasado; aparte en un tazón batir la crema hasta tener una consistencia firme. En un baño de María batir las yemas con el azúcar y la vainilla hasta que suba de volumen, retírese del calor e incorpore la crema batida y cubra las fresas con esta mezcla. Colocar en el broiler por unos minutos, solamente a dorar un poco la superficie, teniendo cuidado que no se queme. Sírvase inmediatamente.

Variaciones

Puede agregarse licor a la mezcla de crema.

Sirve

4 a 5 porciones

DELICIA DE NARANJA Y LIMÓN

Para pedir por una cantidad de dinero, quemar una vela color verde y ofrecer una porción al universo, colocándola afuera de la casa durante la noche.

Ingredientes

8 naranjas
10 tazas de agua
4 tazas de azúcar
1 limón grande
1 raja de canela

Procedimiento

Las naranjas y el limón se cortan con la cáscara en rodajas muy finas, se colocan en una olla grande y se les agrega el agua. Dejar en remojo una noche entera y al siguiente día incorporarles el azúcar y la canela, cocer a fuego mediano, moviendo periódicamente, hasta llegar punto de almíbar. Dejar enfriar y servir solo o sobre rodajas de pastel.

Variaciones
Se puede sustituir la naranja con toronja, para darle sabor un poco agridulce.

Sirve
6 a 8 porciones

FLAMBÉ DE BANANA

Este delicioso postre es el manjar adecuado para devolver la pasión a un matrimonio o relación, compartir con la pareja mientras se quema incienso de canela. Colocar rosas rojas en la habitación y pedir por lo que se desea.

Ingredientes
8 bananas
3 cucharadas de azúcar
$^1/_2$ barra de mantequilla (2 onzas)
$^1/_4$ de taza de licor (whiskey, brandy etc.)
$^1/_4$ taza de ron

Procedimiento
Las bananas se pelan y cortan por mitad a lo largo, se espolvorean con el azúcar y se fríen a dorar en la mantequilla, luego se les agrega el licor y se siguen cociendo por unos 12 a 15 minutos más. En el momento de servir se les rocía con el ron y se enciende con un cerillo (con mucho cuidado), luego partir las porciones.

Sirve
6 a 8 porciones

MOUSSE DE LIMÓN

Para pedir por un deseo especial, se disfruta este postre a la medianoche, concentrándose en lo que se desea y visualizándolo en cada bocadillo que se lleva a la boca.

Ingredientes

½ taza de jugo de limón
1 lata de leche condensada
16 oz. de crema líquida

Procedimiento

Se mezcla el jugo de limón, leche condensada y crema, unirse muy bien y refrigerar por 2 ó 3 horas. Se sirve frío y adornado con dos rodajas finas de limón o lima.

Variación

Puede sustituir con naranja y servir adornado con dos gajos de naranja.

Sirve

4 porciones

CONSERVA DE MELOCOTÓN

Fabuloso afrodisíaco, y mejor si al tiempo que se disfruta se ofrenda una vela con fragancia de vainilla. Compártalo con el ser amado.

Ingredientes

8 melocotones
3 tazas de azúcar
4 tazas de agua
1 raja de canela

Procedimiento

En una olla grande se colocan los melocotones pelados, con el agua, azúcar y canela. Cocínelos a fuego mediano, meneando periódicamente hasta que el líquido engruese (agregar más azúcar si es necesario) Déjese enfriar y servir solo, con pastel o sobre tostadas de pan.

Sirve

8 porciones

CUAJADO DE BANANA

Para conservar la amistad de buenos camaradas, se aconseja compartir este postre en unión de ellos, se ofrendan dos velas blancas y se quema incienso de manzana.

Ingredientes

7 bananos bastante maduros

2 tazas de azúcar

3 huevos

½ taza de nueces picadas

1 cucharadita de canela en polvo

½ cucharadita de clavos de olor en polvo

½ barra de mantequilla

½ taza de pasas

¼ taza de ron

Procedimiento

Se machacan los bananos a formar una pasta y se le agregan los ingredientes secos, mezclar bien, luego incorporar la mantequilla, los huevos, el ron, pasas y nueces. Coloque la masa en un recipiente engrasado y hornee a 350° por aproximadamente 45 minutos a 1 hora. Está listo cuando se introduce en él la hoja de un cuchillo y ésta sale limpia.

Sirve

8 a 10 porciones

FRESAS ROYALE

Para la belleza y el amor, saborear este postre a la luz de la luna llena, pidiendo a Artemisa que derrame su pureza y hermosura sobre la persona, ofrecer una porción a esta deidad.

Ingredientes

2 libras de fresas partidas en cuatro

1 taza de crema para batir

½ taza de azúcar

½ cucharadita de cáscara de naranja rallada

1 cucharada de coñac

3 cucharadas de azúcar en polvo

Procedimiento

Se reserva ½ taza de las fresas, mezclar el resto con el azúcar y el licor en un recipiente, taparlo y refrigerar por una hora. Aparte hacer un puré con la media taza de fresas que se reservó, batir la crema y agregar el puré y el azúcar en polvo. Colar las fresas y el líquido restante incorporarlo a la crema. Sirva las fresas en copas individuales y cubrirlas con la crema preparada. Refrigerar lo que sobre de la crema.

Sirve

4 a 6 porciones

DELEITE DE PIÑA

Para atraer la ayuda de las hadas y los espíritus de la naturaleza. En el jardín o en cualquier lugar al aire libre donde abunden flores y arbustos, se deja sobre la tierra una porción de este postre para halagar a estos seres y así lograr su cooperación en lo que se desea.

Ingredientes

½ piña fresca en trocitos y su jugo (o 1 lata de piña en su jugo)

1 lata de melocotón en almíbar

1 lata de leche condensada

canela

cerezas en conserva para decorar

Procedimiento

Se baten la piña, un poco del jugo, los melocotones colados y la leche condensada. Sírvase en recipientes individuales, espolvorear con canela y decorar con cerezas.

Variación

Se pueden sustituir albaricoques por los melocotones.

Sirve

4 a 6 porciones

MANJAR DE BANANA

Deleitarse con este manjar en compañía de seres queridos augura muchas bendiciones para la familia. Se encienden una vela color naranja y se quema incienso de rosas.

Ingredientes

4 a 6 bananas medianas
½ taza de piña en trocitos
1 taza de azúcar morena o piloncillo
½ taza de jugo de naranja
1 cucharada de limón
3 cucharadas de mantequilla derretida
canela

Procedimiento

Se mezclan, la mantequilla derretida, azúcar, canela, jugo de limón y de naranja, luego poner al fuego y cuando comience a hervir, colocar los bananos pelados y enteros, cocerlos 10 minutos a fuego mediano y agregar los trozos de piña, cocer 5 minutos más. Déjese enfriar un poco y servir tibio con canela espolvoreada.

Sirve

4 a 6 porciones

PARFAIT DE FRESA

Para resolver problemas de comunicación en cualquier clase de relación, gozar de este exquisito postre al aire libre en día miércoles al mediodía, mientras se escriben los nombres de las personas en disputa en un pequeño papel el cual después se embadurna con un poco de la crema dulce y luego se entierra en un lugar floreado.

Ingredientes

2 libras de fresas

1 lata de leche condensada

16 oz. de crema para batir

1 paquete de gelatina de fresa

1 cucharadita de cáscara de naranja rallada

Procedimiento

Se baten, la leche condensada, la crema y 1/2 libra de las fresas. Cortar el resto de las fresas en cuartos; se deshace la gelatina en 1/2 taza de agua caliente, se incorpora a la mezcla de leche y se bate nuevamente. Las fresas cortadas se sirven en recipientes individuales y se les cubre con la crema preparada. Decórese con una fresa partida en dos y una hojita de menta. Sírvase frío.

Sirve

6 a 8 porciones

DELEITE EXÓTICO

Cuando se comienza un nuevo proyecto y se quiere atraer el éxito, se debe encender una vela color azul y quemar incienso de jazmín mientras se prepara este postre, visualizando el resultado que se desea. Después compartirlo y disfrutarlo.

Ingredientes

3 tazas de coco rallado

1 lata de leche condensada

1 cucharadita de vainilla

1 cucharadita de canela

$\frac{1}{2}$ cucharadita de sal

$\frac{1}{2}$ cucharadita de nuez moscada

$\frac{1}{2}$ cucharadita de clavos de olor en polvo

Procedimiento

Mezclar muy bien todos los ingredientes, luego en una bandeja de hornear previamente engrasada se van colocando separadamente cucharadas de la mezcla y se pone al horno a 350 grados F. por unos 10 minutos. Déjese enfriar y servir solas o con helado.

Sirve

10 a 12 porciones

TORTA DE ZANAHORIA

Para encontrar un buen trabajo, es necesario compartir nuestra porción dejando un bocadillo de esta torta en los jardines de tres diferentes lugares comerciales que sean muy exitosos.

Ingredientes

3 zanahorias grandes crudas y ralladas

$\frac{1}{2}$ taza de nueces picadas

3 huevos

1 tazas de harina

2 tazas de azúcar

$\frac{1}{2}$ cucharadita de polvo de hornear

$\frac{1}{2}$ taza de aceite de cocinar

Procedimiento

Se mezclan y se baten, las zanahorias, huevos, aceite y azúcar. Luego en un plato hondo, incorporarle la harina, polvo de hornear y nueces. Coloque la mezcla en un recipiente engrasado y enharinado, hornear a 350 grados por 35 a 40 minutos o hasta que este cocido totalmente.

Sirve

10 a 12 porciones

SUSPIROS DE MANZANA

Este postre es de gran beneficio para ganar un caso en la corte. La noche anterior a la audiencia, tomar un baño relajante, luego vestirse de blanco, encender una vela azul, y visualizarse ganando el caso mientras se saborea.

Ingredientes

4 manzanas
1 paquete de galletas "suspiros" (lady fingers)
1 cucharadita de canela
helado de vainilla

Procedimiento

Se cubre el fondo y los costados de un molde grande con las galletas. Luego hacer un puré con las manzanas y se mezcla con el helado. Se llena el molde con la mezcla del helado y espolvorearlo con canela. Refrigérese por 5 horas y sirva. Decórese con rodajitas finas de manzana.

Variaciones

Se pueden servir recipientes individuales de la misma manera que el molde.

CUADRITOS DE COCO

Cuando se quiere mantener la armonía y camaradería en el trabajo, compartir el postre con los compañeros de labores. Para que el ritual sea efectivo, se quema incienso de canela y se escucha música relajante mientras se prepara, luego bendecir en el nombre del Creador y el universo.

Ingredientes

1 libra de coco rallado
4 tazas de azúcar morena o piloncillo
4 tazas de leche
1 taza de leche

2 cucharadas de harina
2 cucharadas de mantequilla
1 cucharadita de canela
½ cucharadita de vainilla

Procedimiento

Colóquese el coco, mantequilla, canela, vainilla y las cuatro tazas de leche en una olla grande, ponerse a cocer a fuego mediano hasta que hierva, luego agregarle el azúcar o piloncillo y continuar cociendo. Aparte se disuelve la harina en la taza de leche restante y se va incorporando gradualmente a la mezcla, moviendo constantemente. Seguir cociendo hasta que todo esté unido como una masa. Viértase la mezcla en un recipiente engrasado que no sea muy hondo, espolvorearse con canela. Déjese enfriar y córtese en cuadritos.

Sirve

10 a12 porciones

COMPOTA DE MANZANA

Para traer paz a una situación tensa, colocar una porción de este postre en un lugar alto, acompañado de un vaso con jugo de piña y una vela pequeña de color blanco. Se deja allí hasta que se queme la vela por completo.

Ingredientes

4 Manzanas
½ taza de azúcar
1 raja de canela
½ cucharadita de extracto de vainilla
½ taza de pasas
1 cucharada de ron (opcional)
canela en polvo

Procedimiento

Se pelan las manzanas y se les quita el centro. Luego se les corta en ocho pedazos cada una, en forma de gajos. Se colocan los "gajos" en una olla pequeña, cubiertos con agua, ponerlos a cocer e incorporarles el azúcar, la canela y la vainilla. Cuando se ablanden, se les coloca en recipiente para servir (con un poco del líquido en el cual se cocieron) y se les rocía con las pasas y un poco de canela en polvo. Si se desea usar licor, agréguese antes de rociar con la canela.

Sirve

4 a 6 porciones

DULCE DE NARANJA

Si se desea atraer la buena suerte, se debe de comer un poco de este dulce todas las mañanas durante el desayuno por tres días consecutivos, posteriormente colocar las cáscaras enteras de una naranja debajo de la cama y dejarlas allí por quince días.

Ingredientes

1 taza de jugo de naranja
4 huevos
2 tazas de azúcar
1 taza de agua
$^{1}/_{4}$ taza de cáscara de naranja rallada
rodajas de naranja para decorar

Procedimiento

El agua se pone a cocer con el azúcar y la cáscara de naranja hasta punto de almíbar. Se baten las claras a punto de nieve y luego se le agregan las yemas, mezclar bien. Vierta la mezcla de huevo en el almíbar y continúe cociendo a fuego lento, teniendo cuidado que no se derrame, mover la mezcla hasta que quede totalmente cocida y luego rociar con el jugo de naranja. Sírvase tibio o frío, decorado con una rodaja de naranja.

ENSALADA "TROPICAL" DE FRUTAS

Para la prosperidad y abundancia, se comparte esta deliciosa ensalada con la madre tierra o Pachamama, enterrando una porción junto a cinco monedas de cualquier denominación en el jardín de la casa o en un jardín al aire libre. Se pide bendiciones a la madre naturaleza mientras se disfruta.

Ingredientes

2 bananos
1 naranja
½ papaya
1 mandarina
1 manzana
1 taza de sandía en cubitos
½ melón
½ taza de jugo de naranja
1 cucharada de miel
1 taza de yogurt
½ taza de fresas o cerezas
canela en polvo

Procedimiento

La banana se rodajea, la naranja y la mandarina se añaden en gajos, el resto de las frutas se cortan en cubitos. Unir toda la fruta y colocarla en un recipiente grande, agregarle el jugo, la miel, el yogurt y la canela, Mezclarse bien y decorar con las fresas o cerezas. También puede servirse en copas individuales y decorar de la misma manera.

Sirve

6 a 8 porciones

MANZANAS AL HORNO

Se disfrutan a la luz de una vela roja ofrecida a Changó, para gozar de la protección del rey y santo yoruba.

Ingredientes

6 manzanas.
1 taza de nueces picadas
1/2 taza de azúcar morena
3 cucharaditas de mantequilla
canela en polvo
licor (opcional)

Procedimiento

Se pelan las manzanas y se remueve el corazón. Luego se colocan en un recipiente para hornear, se rellenan los centros con las nueces y 1/2 cucharadita de mantequilla cada una, se espolvorean con el azúcar, la canela y el licor (si se desea). Hornear a 350 grados F. por 30 minutos. Servirlas solas o acompañadas de helado de fresa.

Sirve

6 porciones

MACEDONIA DE FRUTAS

Para pedir por abundancia y prosperidad, servirla en día domingo y recitar tres veces en voz alta: "Gracias Madre Tierra, que este manjar sea un símbolo de las muchas bendiciones por venir".

Ingredientes

2 naranjas
2 manzanas
2 peras
1/2 melón
1 mango
1 taza de uvas
2 tazas de jugo de naranja
azúcar al gusto

Procedimiento

Se cortan todas las frutas en trocitos (las uvas van enteras), se colocan en un recipiente hondo y se les agrega el jugo de naranja y el azúcar, mezclar bien y poner a refrigerar por lo menos dos horas antes de servir para que desarrolle el sabor. Sírvase sola o con yogurt de vainilla.

Sirve

6 porciones

PLÁTANOS HORNEADOS

Para tener éxito en un nuevo trabajo, disfrutar de esta delicia y apartar una porción que se debe enterrar junto con un trozo de papel describiendo las actividades que se ejecutarán, realizar el ritual al mediodía.

Ingredientes

4 plátanos bastante maduros
1 taza de nueces picadas
1 barra de mantequilla.
1 taza de azúcar morena o piloncillo
ajonjolí
canela en polvo

Procedimiento

Se pelan los plátanos y se colocan en una bandeja de hornear forrada con papel de aluminio, se les hace un corte a lo largo y luego se rellenan con las nueces, azúcar o piloncillo, un poco de la mantequilla y por último se espolvorean con el ajonjolí y la canela. Se cubren con papel de aluminio y se hornean a 400 grados F. por 30 minutos o hasta que estén dorados y melosos.

Sirve

6 a 8 porciones

MANZANAS FRITAS

Servirlas en familia para fomentar la salud de todos los presentes, se quema incienso de lavanda mientras se come y se ofrece al Creador.

Ingredientes

4 manzanas
2 huevos
½ taza de harina
azúcar al gusto
canela en polvo
aceite para freír

Procedimiento

Las manzanas se pelan, se les quita el corazón y se cortan en rodajas finas. Aparte se bate el huevo, luego se enharinan las rodajas de manzana y se envuelven en el huevo batido. En una sartén se calienta el aceite y se ponen a freír las rodajas envueltas en huevo hasta dorar. Ya fritas, las rodajas se colocan sobre toallas de papel, para absorber el exceso de aceite, espolvorear con el azúcar y la canela. Se sirven solas o con miel de maple sobre ellas.

Sirve

4 a 6 porciones

MOUSSE DE ZAPOTE

Mientras se prepara este mousse, se pide por armonía y alegría en el hogar; después se ofrece una vela color rosa.

Ingredientes

2 zapotes frescos
1 lata de leche condensada
½ sobre de gelatina sin sabor
½ cucharadita de canela
½ taza de cerezas o frambuesas
hojas de menta para decorar

Procedimiento

Saque la pulpa de los zapotes y mezcle muy bien con la leche condensada y la canela. Aparte disuelva la gelatina en 3 cucharadas de agua caliente, deje enfriar e incorpore a la mezcla; coloque en recipientes individuales y refrigere por una hora antes de servir. Decórese con las cerezas o frambuesas y una hojita de menta.

Sirve

4 a 6 porciones

PLÁTANOS EN MIEL

Es perfecto para unir más a la pareja, o para atraer al ser amado; se ofrenda una veladora roja a la cual se le añade canela en polvo.

Ingredientes

6 Plátanos maduros
½ taza de panela o piloncillo
½ taza de leche
2 rajas de canela
1 cucharadita de vainilla

Procedimiento

Los plátanos se pelan y se cortan en rodajas. En una olla colocar la leche, panela, canela y los plátanos, cocínese a fuego lento hasta que el líquido se espese en forma de caramelo.

Sirve

8 porciones

POSTRE DE COCO

Se disfruta una noche de luna llena para promover amor y buena energía en la casa. Ofrecer al aire libre una porción a Artemisa junto a una copa de vino durante dos noches consecutivas.

Ingredientes

1 taza de coco rallado

1 taza de azúcar

2 claras de huevo

1 cucharadita de vainilla

½ cucharadita de canela

Procedimiento

Se baten las claras hasta punto de nieve. Aparte mezclar el coco, el azúcar, la vainilla y la canela. Incorpórese las claras a la mezcla y poner en un molde engrasado. Hornear a 350 grados F. hasta que la superficie comience a dorarse. Déjese enfriar y servir en cuadrados.

Sirve

6 porciones

ENJAMBRE DE FRUTAS

Para que haya paz, se quema incienso de iglesia mientras se prepara y se recita la siguiente máxima: "Oh mi Creador, hazme un instrumento de tu paz, que este manjar sea portador de ella y que su energía sea difundida por todo el mundo". Postre ideal para compartir en reuniones que gocen de gran concurrencia.

Ingredientes

1 taza de manzana en trocitos

1 taza de pera en trocitos

½ taza de ciruela pasa sin semilla

½ taza de uvas

½ taza de albaricoque seco en trocitos

1 taza de miel

3 tazas de cidra

½ de taza de cáscara de limón rallada

2 rajas de canela

3 clavos de olor

Procedimiento

En una olla combinar las frutas, la cidra, los clavos, canela y la cáscara de limón, cocer a fuego lento hasta que la fruta se ablande. Colar la fruta y cocer el líquido restante hasta reducirlo y concentrarlo, luego agregarle la miel y de nuevo las frutas, cocer 5 a 10 minutos más moviendo constantemente pero teniendo cuidado de no deshacer la fruta. Sírvase tibio, solo o con helado.

Sirve

8 a 10 porciones

FRUTAS PARA 'DIPPING'

Este es un ritual divertido, se lleva a cabo en compañía de niños. Se quema incienso de coco o vainilla y se va pidiendo como en un juego un deseo en voz alta con cada bocadillo. Postre ideal para festejar el cumpleaños de chiquillos menores de doce años.

Ingredientes

fresas enteras
plátano en rodajas
kiwi en trocitos
piña en trocitos
peras en trocitos
manzanas en trocitos

Ingredientes para 'dip de Chocolate'

5 onzas de chocolate semi-amargo
1 lata de leche condensada

Procedimiento

Derretir el chocolate en baño de maría y agregarle la leche condensada hasta que esté completamente incorporada. El 'dip' debe mantenerse tibio hasta el momento de servirlo. Sírvase la fruta con palillos en una bandeja y el 'dip' en un recipiente hondo.

Variaciones

Se puede usar casi toda clase de frutas, lo que se quiera, hasta pedazos de torta.

MOLDE DE LIMÓN Y PIÑA

Para atraer dinero, se ofrece una veladora color verde y se coloca un billete de cualquier denominación debajo de ella. Se come un poco de este postre por tres días consecutivos y la vela se deja consumir totalmente.

Ingredientes

1 paquete de gelatina, sabor de limón
½ taza de jugo de limón
8 onzas de leche evaporada fría
½ taza de piña picada
¼ de taza de azúcar
1 cucharada de cáscara de limón rallada

Procedimiento

Se disuelve la gelatina en 2 tazas de agua caliente y se le agrega el azúcar, luego añadir 1 taza de agua fría, mezclar bien y dejar enfriar. Aparte se bate la leche hasta lograr una consistencia firme y se le va incorporando la gelatina, el jugo de limón y la cáscara rallada, seguidamente agregar la piña. Coloque la mezcla en un molde o en recipientes individuales y refrigere por un lapso de 3 horas. Se sirve y se decora con hojitas de menta y rodajas finas de limón.

Sirve

6 a 8 porciones

PARFAIT DE FRUTAS

Se disfruta en día viernes por la noche para encontrar un alma gemela. Antes de acostarse se coloca una porción cerca de una ventana para atraer a ese ser especial.

Ingredientes

3 tazas de fresas
1½ tazas de zarzamoras
1½ tazas de frambuesas

1 taza de uvas
$1/2$ taza de crema para batir
$1/2$ taza de yogurt sin sabor
$1/2$ taza de jugo de naranja
$1/2$ taza de azúcar morena

Procedimiento

Las fresas se cortan en cuatro porciones cada una, después se mezclan con el resto de las frutas en un recipiente grande. Aparte se bate la crema por un par de minutos y se le va agregando el yogurt y el azúcar, hasta incorporar completamente. Se sirve la fruta en recipientes individuales, se rocía con un poco del jugo de naranja y se cubre con la crema. Decórese con hojas de menta o con pedacitos de cualquiera de las frutas.

Sirve

8 porciones

PAN DE BANANO

Para protección, se come una rebanada de este pan a diario por una semana y se pide por la protección del Arcángel Miguel. Se le ofrenda una vela blanca.

Ingredientes

1 taza de puré de bananos maduros
2 tazas de harina
$1/2$ taza de mantequilla o margarina suave
1 taza de azúcar
2 huevos
$1/2$ cucharadita de polvo de hornear
$1/2$ cucharadita de sal
1 taza de nueces picadas

Procedimiento

Bata la mantequilla y el azúcar, agregándole los huevos poco a poco, se bate hasta mezclar muy bien, posteriormente se le agrega el puré de bananos. Aparte combinar la harina, polvo de hornear, sal y nueces e incorporarle la mezcla de bananos, moviendo a que todo quede incorporado (sin mover excesivamente) La mezcla se coloca en un recipiente largo para pan, engrasado. Se hornea a 350 grados F. por aproximadamente 1 hora, hasta que al insertar un la hoja de un cuchillo, ésta salga limpia. Déjese enfriar por 10 minutos y se rodajea o se guarda envuelto en papel de aluminio. Se sirve solo o con mantequilla.

Sirve

8 a 10 porciones

PAN DE BANANO Y COCO

Para encontrar un trabajo se disfruta de este pan durante cinco días consecutivos, acompañado con jugo de cerezas, mientras se saborea se va visualizando el empleo deseado. Para reforzar el ritual se quema incienso de mirra.

Ingredientes

1 taza de puré de bananos maduros
1/2 taza de coco rayado
2 huevos
1 taza de azúcar
1/2 taza de mantequilla o margarina derretida
1 1/2 tazas de harina
1 1/2 cucharadita de polvo de hornear
1/2 cucharadita de bicarbonato de sodio
1/2 cucharadita de sal
1 cucharadita de vainilla
1 cucharadita de canela en polvo
1/2 raza de nueces picadas
1/2 taza de cerezas conservadas

Procedimiento

En un recipiente hondo se baten los huevos, se les agrega el azúcar y la mantequilla derretida, batir muy bien. Incorporar el puré de bananos, la canela y la vainilla, mezclar completamente. Aparte en un recipiente grande, unir el resto de los ingredientes y mezclarlos con el puré preparado. Verter en un molde para pan, engrasado, hornear a 350 grados F. por aproximadamente 1 hora o hasta que al insertar la hoja de un cuchillo ésta salga limpia. Deje enfriar por 10 minutos. Se distribuye en rodajas antes de servir o se envuelve en papel de aluminio o plástico y se guarda.

Sirve

8 a 10 porciones

PASTEL DE CALABAZA (Receta fácil y rápida)

Para pedir por un amor especial, se ofrece una porción a Venus, la diosa del amor. En día viernes colocar esta ofrenda en un altar o lugar elevado, con una rosa roja y una copa de vino rosado.

Ingredientes

2 conchas de pastel preparadas
2 tazas de calabaza cocida (puede ser enlatada)
1 lata de leche condensada
2 huevos batidos levemente
½ taza de azúcar morena
1½ cucharaditas de canela en polvo
½ cucharadita de sal
½ cucharadita de jengibre en polvo
½ cucharadita de nuez moscada
½ cucharadita de clavos de olor

Procedimiento

En un recipiente grande y hondo se combinan todos los ingredientes y se baten a velocidad media por 2 minutos. Se vierte la mezcla en las dos conchas de pastel y hornear a 425 grados F. por 15 minutos, luego bajar el calor a 350 grados F. y seguir horneando por 45 a 50 minutos más o hasta que al insertar la hoja de un cuchillo en el centro, ésta salga limpia. Déjese enfriar antes de servir. Decórese con crema batida.

2 pasteles sirven

10 a 14 porciones

PAN DE ZUCCHINI

Para proteger la casa de malas energías o desintegrarlas si ya existen, disfrutar el pan con la familia y rociar las migajas restantes alrededor de la casa (por fuera), si se trata de un departamento, colocar las migajas en un botecillo decorativo cerca de la puerta de entrada y dejarle allí durante una semana.

Ingredientes

3 tazas de zucchini rayado
4 tazas de harina
2 huevos
1 taza de azúcar granulada
$^1/_2$ taza de nueces picadas
$^1/_4$ de taza de azúcar morena
4 cucharaditas de polvo de hornear
1$^1/_2$ cucharaditas de cáscara de limón rayada
1$^1/_2$ cucharadita de canela en polvo
$^1/_2$ cucharadita de sal
$^1/_4$ de cucharadita de nuez moscada
1$^1/_2$ taza de leche
$^1/_4$ de taza de aceite de cocina
2 cucharaditas de vainilla

Procedimiento

Se combina la harina, el azúcar granulada, nueces, azúcar morena, polvo de hornear, cáscara de limón, canela, sal y nuez moscada en un recipiente hondo, formar un hueco en medio de la mezcla. Aparte combinar la leche, aceite, vainilla, y huevos, mezclar muy bien e incorporarle el zucchini; agréguele a la primera mezcla y viértase en dos moldes para pan, engrasados. Espolvorear un poco de azúcar en la superficie y hornear a 350 grados F. por aproximadamente 1 hora o hasta que al insertar una hoja de cuchillo, ésta salga limpia. Déjese enfriar por 10 minutos y luego servir en rodajas o guardar envuelto en papel de aluminio o plástico.

Sirve

12 a 16 porciones

PASTELITOS DE PLÁTANO

Este postre es el más indicado para compartir con la persona con quien se ha iniciado una nueva relación de cualquier índole (romántica, amistosa, profesional, laboral, etc.). Para que ésta sea duradera y benéfica para ambos.

Ingredientes

6 plátanos
2 tazas de fríjoles negros molidos
1 taza de azúcar
2 cucharitas de canela en polvo
2 cucharitas de vainilla

Procedimiento

Los plátanos (con cáscara) se ponen a cocer en agua. Luego se pelan y se licuan a formar una pasta, agregarle una cucharadita de canela y una de vainilla. Aparte condimente los fríjoles con la otra cucharadita de canela y vainilla, poner a cocer añadiéndoles el azúcar, hasta que espesen un poco. Con la masa de plátano se forman pequeñas tortas del tamaño de la palma de la mano, en el centro se coloca de una a dos cucharadas de frijoles y se dobla a envolverlos con la masa dándoles forma ovalada. Freírlas en suficiente aceite hasta dorar. Se sirven espolvoreadas de azúcar y con un poco de crema (opcional).

Sirve
6 porciones

CAPÍTULO 7

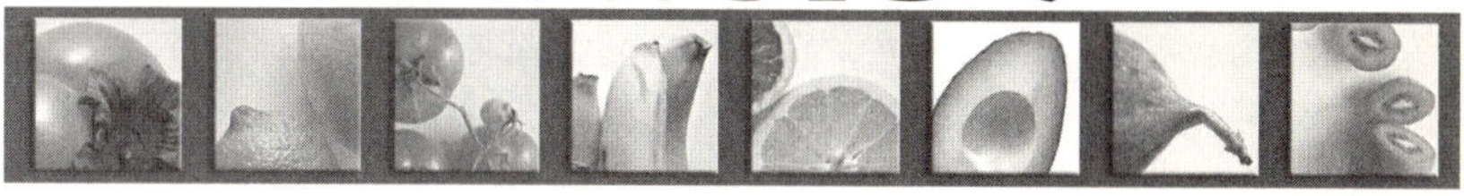

Recetas Vegetarianas

Hoy en día la cocina vegetariana se ha convertido en un arte y estilo de vida que ha ido popularizándose rápidamente en todos los niveles sociales y culturales de la población en general. Este es el resultado de un conjunto de razones de diversas índoles, como lo son: la salud, nutrición, religión o simplemente por el deseo de seguir una alimentación más vigorosa y sustancial. Cualquiera que sea el motivo, lo cierto es que más y más personas alrededor del mundo se encuentran tomando la decisión de volcarse totalmente al vegetarianismo.

En tiempos actuales cuando estamos más conscientes de nuestro bienestar, modus vivendi y condición física, teniendo en cuenta que el promedio de vida se prolonga con el paso de los años y el avance de la ciencia; algunas personas alcanzando aún el asombroso centenario, le damos suma importancia a nuestra alimentación y dado que nuevos estudios realizados han indicado que una dieta rica en frutas y vegetales es propicia para promover la longevidad y la buena salud, nuestro interés por estos integrantes del reino vegetal está creciendo vertiginosamente.

Todo aquello que forma parte de la creación está conectado entre sí en el universo, por lo tanto las frutas y los vegetales no son la excepción, es por ello que se convierten en aliados de gran influencia para nuestras vidas si sabemos cómo utilizar su extensa gama de propiedades tanto naturales como contemplativas, con el fin de realizar nuestros propósitos.

Cuando combinamos nuestra energía con la basta cosecha de la Naturaleza, en este caso las frutas, los vegetales y las hierbas, creamos magia con la cual se logra atraer y fomentar abundancia, armonía, salud, amor, bienestar y prosperidad a nuestro entorno. A continuación se encuentran adscritas las más apetitosas y saludables recetas vegetarianas propicias para servir y compartir en las festividades más coloridas del año. Se pueden sustituir ingredientes y experimentar con el ritual que se desee, lo esencial para obtener un buen resultado en cualquier procedimiento místico-mágico es la fe y la buena intención con que se obre.

BERENJENAS AL AJÍO

Platillo perfecto para celebrar el día de la Candelaria el 2 de febrero.

Ingredientes

3 libras de berenjenas
6 dientes de ajo
3 cucharadas de vinagre
sal al gusto

Procedimiento

Las berenjenas se pelan y se cortan en rodajas, se les rocía con sal y se dejan escurrir para soltar el exceso de agua. Luego se fríen en suficiente aceite caliente, después de fritas se colocan en toallas de papel para absorber el exceso de aceite. Aparte se machacan los ajos y se fríen hasta dorar, retirar del calor e incorporarles el vinagre. Sírvase las berenjenas en un plato y rociarlas con la mezcla de vinagre y ajo. Se decora con unas ramitas de perejil.

Sirve

6 a 8 porciones

TORTITAS DE PAPA

Adecuado para saborearlo el Día del Trabajo. Se celebra el 1º de mayo en la mayoría de países latinos. En Estados Unidos se celebra el 1º de septiembre.

Ingredientes

6 papas cocidas
½ taza de queso mozzarella rallado
1 huevo.
harina
sal al gusto
un poco de leche

Procedimiento

Se hierven las papas y se trituran hasta formar un puré, agregar el queso rallado y un poco de leche y mezclar muy bien los ingredientes. Luego incorporar el huevo y un poco de harina hasta formar una pasta suave. Sazonar con sal al gusto. Se forman pequeñas tortitas con esta pasta y se fríen en suficiente aceite caliente hasta dorar. Se sirven con un poco de crema casera.

Sirve

6 a 8 porciones

TORTITAS DE YUCA

Indispensable para conmemorar el Día de Reyes el 6 de enero.

Ingredientes

2 libras de yuca cocida
3 yemas de huevo
2 cucharadas de azúcar
1 cucharadita de sal
1 taza de piloncillo
6 clavos de olor

Procedimiento

Se le quitan las venas a la yuca y se tritura hasta formar un puré, se le agregan las yemas de los huevos, el azúcar y la sal. Mezclar todos estos ingredientes muy bien hasta formar una pasta suave. Luego formar pequeñas tortitas con la mezcla y freír en suficiente aceite caliente hasta dorar. En una olla se coloca el piloncillo, el agua y los clavos de olor. Se pone a cocer a fuego lento hasta que espese como miel. Se sirven las tortitas con un poco de esta "miel" tibia.

Sirve

4 a 6 porciones

CALABACITAS EN TOMATE

La comida ideal para festejar el Día de la Salud el 8 de agosto.

Ingredientes

2 libras de calabacitas

2 tomates

2 dientes de ajo picado (puede ser en polvo)

un poco de orégano

queso parmesano al gusto

Procedimiento

Las calabacitas y el tomate se cortan en cubos pequeños, el ajo se pica muy finamente. En una sartén se fríen las calabacitas, tomates y ajo en un poco de aceite. Cuando las calabacitas ya están cocidas (que no queden demasiado blandas) se añade sal y orégano al gusto, luego se le mezcla el queso.

Sirve

4 a 6 porciones

CHAYOTES RELLENOS

Para disfrutar el Día de la Familia el 26 de julio.

Ingredientes

3 chayotes

$^1/_2$ taza de queso parmesano

$^1/_2$ taza de migajas de pan

$^1/_2$ taza de queso semi-duro rallado

$^1/_4$ de taza de crema

sal al gusto

Procedimiento

Se cocinan los chayotes enteros en agua durante 30 minutos o hasta que estén blandos. Se retiran y se dejan enfriar. Ya fríos se cortan por mitad a lo largo y con una cuchara se extrae la pulpa, dejando la cáscara intacta y lista par rellenar. Formar un puré con la pulpa y mezclarle la crema, el queso semi-duro y sal al gusto. Se rellenan de nuevo las cáscaras de los chayotes con este puré, luego se combina el queso parmesano con las migajas de pan y se espolvorean por encima de las mitades. Se hornea a 350 grados F. por aproximadamente 10 ó 15 minutos, hasta que se derrita el queso y se dore la superficie.

CHIMICHURRI (Salsa para acompañar cualquier asado)
Complemento esencial para disfrutar en el Día del Padre. Se celebra el 17 de junio en algunos países latinos y el 3er domingo de junio en Estados Unidos.

Ingredientes
1/2 taza de cebolla picada finamente
1 cucharadita de ajo picado muy finamente
1/2 taza de aceite de oliva
1/2 taza de vinagre (preferiblemente de vino)
1/2 de taza de perejil fresco picado finamente
1/4 de taza de orégano
1 cucharada de chile picante picado finamente
sal al gusto

Procedimiento
Se mezclan todos los ingredientes y se dejan reposar por un día o por lo menos 4 horas para que tome sabor. Se sirve acompañando cualquier clase de asado.

PASTA CON VEGETALES

Para compartir en el Día de San Valentín el 14 de febrero.

Ingredientes

2 calabacitas

1 zanahoria

1 berenjena pequeña

1 cebolla pequeña

3 tomates maduros

aceite de oliva

orégano

albahaca al gusto

sal al gusto

Procedimiento

Las verduras se cortan en trocitos y se ponen a freír en el aceite de oliva hasta ablandar un poco, sazonar con sal al gusto y añadir el tomate, la albahaca y el orégano, freír un poco más cuidando que las verduras queden firmes. Servir esta mezcla sobre la pasta caliente y decorar con perejil.

Sirve

6 a 8 porciones

COLIFLOR FRITA

Para comenzar el Año Nuevo Chino el 1° de febrero (la fecha varía cada año).

Ingredientes

1 cabeza de coliflor

½ taza de puerro picado finamente

4 huevos

¼ de taza de cilantro

pimienta y sal al gusto

aceite de oliva

Procedimiento

La coliflor se corta en trozos grandes y se pone a cocer en un poco de agua con sal, hasta que se ablande manteniendo su firmeza. Aparte se baten los huevos, se le agrega el puerro, el cilantro, la sal y pimienta al gusto. Los trozos de coliflor se envuelven en la mezcla de huevo y se ponen a freír en el aceite caliente hasta dorar un poco.

Sirve

4 porciones

CREMA DE AGUACATE

Excelente para dar tributo al Día de San Patricio el 17 de marzo.

Ingredientes

4 aguacates grandes
1½ taza de crema
1 cebolla mediana picada
3 tazas de consomé
1 barra de mantequilla
2 cucharadas de perejil
1 cucharada de curry
1cucharada de orégano
sal y pimienta al gusto
salsa picante al gusto

Procedimiento

Se saca la pulpa de los aguacates y se corta en trocitos. Aparte, en la mantequilla, se fríe la cebolla, el perejil, orégano y curry, hasta que la cebolla esté transparente, luego incorporarle el consomé y cocer unos minutos más. Déjese enfriar este caldo y licuarlo con el aguacate y crema, luego condimentar con sal y pimienta al gusto, añadir salsa picante si se desea. Sírvase fría.

Sirve

6 porciones

TORTITAS DE CALABAZA

Se recomienda para festejar la Noche de Brujas el 31 de octubre.

Ingredientes

3 libras de calabaza
½ taza de leche
2 huevos
2 cucharadas de azúcar
½ taza de harina
1 cucharadita de sal
1 taza de migajas de pan

Procedimiento

Cocer la calabaza y hacer un puré, añadir la sal, huevos, leche, azúcar y poco a poco la harina, disolviéndola completamente, (agregar más harina si es necesario) hasta formar una pasta consistente. Se forman las tortitas y se envuelven en las migajas de pan, luego se fríen en suficiente aceite hasta dorar. Se sirven con un poco de crema sobre ellas.

Sirve

4 a 6 porciones

ENSALADA REFRESCANTE

Para venerar el Día de la Cruz el 3 de mayo.

Ingredientes

3 pepinos
4 tomates
2 chiles campana verde
1 chile campana rojo
2 cebollas
1 cucharada de perejil picado
1 taza de crema
sal y pimienta al gusto

Procedimiento

Rodajear los pepinos, tomates y cebollas, los chiles se cortan en tiras julianas. Mezclar todos los vegetales con la crema y el perejil, agregar la sal y la pimienta al gusto. Servirse fría.

Sirve

4 porciones

PAPAS BERLÍN

Para celebrar y dar la bienvenida al Día de Año Nuevo el 1º de enero.

Ingredientes

4 papas grandes
1 1/2 taza de pepinillos picados
4 cucharadas de mayonesa
2 cucharadas de mostaza
1/2 cucharadita de pimienta
jugo de los pepinillos

Procedimiento

Se pelan las papas y se hierven en agua con sal hasta ablandarse, (pero no demasiado). Cuando las papas estén frías, se cortan en rodajas y se mezclan con los pepinillos. Aparte se mezcla la mayonesa, mostaza y un poco del jugo de los pepinillos. Incorpórese esta mezcla a las papas, sazonar con sal y pimienta al gusto. Se sirve al tiempo.

Sirve

4 a 6 porciones

ENSALADA BRUSELAS

Especial para conmemorar el Miércoles de Ceniza a fines de febrero o principios de marzo (la fecha varía).

Ingredientes

1 cabeza de coliflor
1 Rama de brócoli
4 Calabacitas
1½ libra de retoños de Bruselas
1½ tazas de yogurt sin sabor
1 cucharadita de ajo machacado
4 cucharadas de Tahine
sal y pimienta al gusto

Procedimiento

Cortar el brócoli y la coliflor en ramos y cocerlos en agua con sal. Aparte cocer brevemente las calabacitas en trozos, (que queden firmes) y los retoños de Bruselas hasta ablandar. Déjese enfriar las verduras, combinar el Tahine, yogurt y ajo e incorporarlo a las verduras. Sírvase fría.

Sirve

4 a 6 porciones

ENSALADA ROMANA

Para ofrecer y saborear el Domingo de Ramos a finales de marzo o principios de abril (la fecha varía).

Ingredientes

2 zanahorias
2 tomates
½ cabeza de lechuga
½ taza de hongos rodajeados
1 cebolla
1 cucharadita de ajo machacado
¼ de taza de vinagre

1 cucharadita de orégano
$^1/_3$ de taza de queso parmesano
jugo de un limón
aceite de oliva al gusto
sal y pimienta al gusto

Procedimiento

Se corta la zanahoria en rodajas finas y el resto de los vegetales en trocitos. Combínese todas las verduras en un recipiente hondo, mezclar con aceite de oliva y rociar con el jugo de limón, vinagre, el ajo, orégano, sal y pimienta al gusto. Espolvorear por encima con el queso parmesano y servir. Decórese con ramitos de perejil.

Sirve

6 a 8 porciones

ENSALADA DE BERRO Y ESPINACAS

Para conmemorar el Viernes Santo a finales de marzo o principios de abril (la fecha varía).

Ingredientes

2 manojos de berro
2 tallos de apio
1 pepino pelado y en tiras
1 cebolla en anillos
1 taza de hojas de espinacas
$^1/_2$ taza de nueces picadas
$^1/_2$ taza de aceite de oliva
$^1/_2$ cucharadita de mostaza
$^1/_2$ cucharadita de orégano
el jugo de un limón
sal y pimienta al gusto

Procedimiento

Separar las ramitas de berro descartando las partes gruesas, cortar los apios en diagonal y finamente, luego combinar todos los vegetales en un recipiente. Aparte mezclar el aceite, jugo de limón, mostaza, orégano, sal y pimienta al gusto. Rociar la ensalada con el aderezo preparado y servirse con un poco de las nueces rociadas por encima.

Sirve

4 a 6 porciones

PAPAS GRATINADAS

Para alegrar y festejar el Día del Niño. Se celebra la primera semana de octubre.

Ingredientes

4 papas grandes
1 taza de crema
2 tazas de leche
1 taza de queso rallado (americano)
1 barra de mantequilla suave
1 diente de ajo machacado
sal y pimienta al gusto

Procedimiento

Se pelan las papas y se cortan en rodajas muy finas; en un recipiente rectangular engrasado con un poco de la mantequilla, se coloca una capa de papas, luego se cubre con un poco de la crema, el queso y la mantequilla, y se repiten nuevamente las capas. Aparte se mezcla la leche con el ajo, sal y pimienta al gusto. Rociar las papas con la leche preparada y hornear a 350 grados F. por 45 minutos o hasta que comiencen a dorarse. Decórese con ramitas de perejil.

Sirve

4 a 6 porciones

GUACAMOLE

Complemento ideal para disfrutar el Día de la Hispanidad el 12 de octubre.

Ingredientes

2 aguacates maduros
½ cebolla picada finamente
½ tomate picado finamente
1 cucharadita de chile picante picado finamente
el jugo de 1 limón
sal y pimienta al gusto

Procedimiento

Se saca la pulpa de los aguacates y se machaca hasta formar un puré, se le agrega el jugo de limón y los demás ingredientes, la sal y pimienta al gusto. Decórese con unas ramitas de cilantro.

Sirve

4 porciones (para más porciones, doblar la receta).

BERENJENAS ENTOMATADAS

Para invitar y abrir la puerta el Día de los Inicios el 21 de julio.

Ingredientes

1½ libra de berenjenas
½ libra de calabacitas amarillas
1 chile campana verde
3 tomates
1 cebolla
½ cucharadita de chile picante
½ cucharadita de albahaca
sal y pimienta al gusto

Procedimiento

Se pelan las berenjenas y se cortan en rodajas, se hace lo mismo con las calabacitas, los chiles verdes se cortan en tiras, los tomates y la cebolla se cortan en trocitos. En una sartén se fríen en un poco de aceite la cebolla y el chile hasta que comiencen a ablandar, luego agregar los tomates, la berenjena, las calabacitas, el chile picante, la albahaca, sal y pimienta al gusto, tapar y cocer hasta que se ablanden las berenjenas sin perder su firmeza.

Sirve

4 porciones

CROQUETAS DE PAPA CON QUESO

Para recordar el Día de los Santos Inocentes celebrado el 28 de diciembre.

Ingredientes

4 papas grandes
2 yemas de huevo
½ barra de mantequilla suave
1 taza leche
¼ de taza de harina
1 cucharadita de sal
queso fresco

Procedimiento

Se pelan las papas y se hierven con un poco de sal, luego hacer un puré agregar la mantequilla, la leche, yemas y sal hasta mezclar bien. Incorporar la harina a las papas, hasta obtener una masa suave y formar las croquetas con una rodajita fina de queso en el centro. Freír hasta dorar levemente. Escurrir las croquetas en toallas de papel antes de servir.

Sirve

4 a 6 porciones

PAPAS RELLENAS

Para honrar el Día de la Virgen de Guadalupe el 12 de diciembre.

Ingredientes

4 papas grandes
2 yemas de huevo
1 barra de mantequilla
½ taza de crema
½ taza de queso feta rallado
1 cucharadita de perejil
¼ de cucharadita de nuez moscada
sal y pimienta al gusto

Procedimiento

Las papas se lavan muy bien y se envuelven en papel de aluminio, se hornean a 400 grados F. por 1 hora; cuando estén frías se cortan por mitad a lo largo y se les saca la pulpa. Aparte se mezcla la pulpa de papa con el resto de los ingredientes y se cocina por unos 5 minutos a fuego lento. Se rellenan las mitades de papa con este puré y se decora con más perejil.

Sirve

8 porciones

PUERROS RELLENOS

Deben servirse para conmemorar el Día de todos los Santos. Se celebra el 1 de noviembre.

Ingredientes

4 puerros
½ taza de crema
½ taza de migajas de pan
2 cucharadas de mantequilla
1 hoja de laurel
½ cucharadita de cáscara de limón

½ cucharadita de nuez moscada
2 cucharadas de maicena
1 cucharadita de perejil
sal y pimienta al gusto

Procedimiento
Se parten los puerros en cuatro trozos cada tallo y se atan con un cordel, cocerlos en suficiente agua con la cáscara de limón y el laurel por unos 20 minutos, colar y guardar el líquido. Aparte se fríe la maicena en la mantequilla hasta disolverla y se le incorpora al caldo de los puerros y se sigue cociendo hasta que se espese, luego agregar la crema, nuez moscada, perejil, sal y pimienta al gusto. Colocar los puerros sin el cordel en un recipiente, rociarlos con la salsa preparada y espolvorearlos con las migajas de pan. Hornear a 400 grados F. por 10 minutos y servir.

Sirve
4 porciones

PURÉ DE ZANAHORIA
Platillo para reverenciar el Día de la Tierra el 22 de abril.

Ingredientes
6 zanahorias grandes
1 cebolla cortada en trozos
½ taza de arroz blanco cocido
1 cucharada de mantequilla
1 cucharada de azúcar
sal y pimienta al gusto

Procedimiento
Se hierven las zanahorias en suficiente agua con la cucharada de azúcar hasta ablandar, se cuelan y se reserva el líquido. En una olla se fríe en la mantequilla la cebolla hasta que esté transparente, luego se le incorpora el arroz, zanahorias y el líquido, cocer un poquito más hasta

consumir casi toda el agua, agregar sal y pimienta al gusto, si es necesario, más azúcar. Retírese del fuego y licuar todo. Corregir la sazón y agregar más mantequilla si se desea un puré más consistente y suave. Decórese con unas hojitas de menta.

Sirve
6 porciones

REMOLACHA CON NUECES

Para celebrar el Día de la Justicia el 24 de septiembre.

Ingredientes
2 libras de remolacha
1 1/2 taza de nueces picadas
1 cebolla morada en anillos
1/4 de taza de vinagre de vino
1/2 cucharadita de ajo molido
1 cucharada de cilantro picado
1/2 taza de aceite de oliva
1 cucharadita de coriander
1/4 cucharadita de pimienta
sal al gusto

Procedimiento
Se hierve la remolacha y se rodajea. Aparte se mezcla el aceite con el vinagre, ajo, cilantro, coriander, pimienta y sal al gusto. En un plato de servir se colocan las rodajas de remolacha mezcladas con la cebolla, se les rocía con el aceite preparado y se le espolvorea con las nueces picadas.

Sirve
4 a 6 porciones

SOPA DE LENTEJAS

Receta especial para celebrar el Martes de Carnaval. Se celebra a finales de febrero o inicios de marzo (la fecha varía año con año).

Ingredientes

2 tazas de lentejas peladas
1 cebolla
1 zanahoria
1 tomate grande
1 calabacita
1 cucharadita de comino
sal al gusto
cayena al gusto (opcional)

Procedimiento

Se lavan las lentejas y se ponen a cocer con la cebolla y el tomate en trocitos, la zanahoria y la calabacita en rodajitas, hasta que se ablanden (1 hora más o menos), colarlas y agregar las especies y freír en un poco de aceite a fuego lento por un rato y corregir la sazón.

Sirve

8 porciones

SPAGHETTI CON PUERRO Y CHAMPIÑONES

Para honrar y compartir en el Día de la Madre. Se celebra el 10 de mayo en algunos países latinos. En Estados Unidos es celebrado el 2º domingo de mayo.

Ingredientes

1 libra de spaghetti
1 barra de mantequilla
1 taza de champiñones rodajeados
4 tallos de puerros
2 cucharadas de perejil picado
$^{1}/_{4}$ de taza de vino
2 cucharadas de jugo de limón
sal al gusto

Procedimiento

Cocer la pasta con un poco de sal, aparte freír los champiñones en un poco de aceite, agregar el perejil, vino y jugo de limón, sazonar al gusto. Hervir los puerros cortados en trozos, colar e incorporarlos a los champiñones y freír ligeramente en la mantequilla. Servir la pasta rociada con la mezcla de puerro.

Sirve

6 porciones

VERDURAS CURTIDAS

Para honrar el Día del Maestro el 22 de junio (la fecha varía en algunos países).

Ingredientes

1 repollo rallado
2 zanahorias cortadas en tiras
1 pepino cortado en trozos
1 cebolla cortada en trozos
1 taza de vinagre
1 taza de agua
2 cucharaditas de sal
1 cucharada de pimienta gorda
1 chile picante pequeño picado (opcional)

Procedimiento

Coloque las verduras en un recipiente no metálico agregando agua hirviendo hasta cubrirlas, se deja un par de minutos y luego se cuelan. Aparte mezclar el vinagre, la taza de agua, la pimienta y la sal. Agregar la mezcla a las verduras, corregir la sazón y macerar por 1 ó 2 días.

Sirve

4 porciones

YUCA CUBANA

Para conmemorar el Día de los Héroes. Se celebra el último lunes del mes de mayo.

Ingredientes

1 libra de Yuca
1 cebolla en anillos
3 ajos molidos
$^1/_2$ taza de aceite de oliva o vegetal
$^1/_2$ taza de jugo de naranja
1 cucharada de perejil
sal al gusto

Procedimiento

Se hierve la yuca con un poco de sal hasta ablandar. Aparte se fríe en el aceite caliente los ajos, la cebolla y el perejil; cuando estén blandos se le agrega el jugo de naranja y se corrige la sazón. Servir la yuca rociada con la mezcla del aceite. Decórese con ramitas de perejil.

Sirve

4 a 6 porciones

ZANAHORIAS DAPHNE

Para celebrar el Equinoccio de la Primavera el 21 de marzo en el hemisferio norte.

Ingredientes

1 libra de zanahorias
$^1/_2$ cebolla en anillos
3 ajos
1 cucharada de azúcar
$^1/_2$ cucharadita de cayena
$^1/_2$ cucharadita de comino
1 cucharadita de cilantro picado
1 cucharada de vinagre
$^1/_4$ de taza de aceite de oliva
sal al gusto

Procedimiento

Las zanahorias se pelan y se cortan en rodajas finas. Ponerlas a cocer en agua con el azúcar hasta ablandarse, luego colar. Aparte picar los ajos y freírlos junto a la cebolla en el aceite, agregar el cilantro y cuando estén transparentes, añadirle las zanahorias, la cayena, vinagre y sal. Se tapa y se cocina a fuego lento por 10 minutos. Rociar con más cilantro y servir.

Sirve

4 a 6 porciones

ARROZ FRÍO

Para conmemorar el Solsticio de Verano el 21 de junio en el hemisferio norte.

Ingredientes

4 tazas de arroz cocido
1 cebolla pequeña picada
1 pepino en trocitos
1/2 lechuga picada
2 tomates
1/2 taza de ramitas de berro
1/2 taza de aceite de oliva
1/2 taza de vinagre
1 cucharadita de mostaza
1/2 cucharadita de ajo molido

Procedimiento

En un recipiente hondo se pone arroz, lechuga, cebolla, pepino, tomate y berro; mézclese todo muy bien. Aparte combinar aceite, vinagre, mostaza, ajo, sal y pimienta al gusto. Incorpore el aceite al arroz y sírvase frío.

Sirve

8 porciones

ESCABECHE

Para celebrar el Día de la Independencia. Cada país tiene su fecha específica.

Ingredientes

4 zanahorias
1 coliflor
1 cebolla en rodajas
½ repollo rallado
1 chile picante (opcional)
1 taza de vinagre
½ taza de aceite de oliva
4 clavos de olor
3 hojas de laurel
pimienta gorda
sal al gusto

Procedimiento

Se pone a cocer el vinagre con el aceite, los clavos, la pimienta y el laurel. Cuando haya hervido se le agregan las zanahorias cortadas en tiras, la cebolla, la coliflor en ramitos pequeños, el repollo y el chile (opcional), se hierve una vez más y se retira del fuego. Refrigérese y sírvase frío.

Sirve

6 porciones

HORNEADO DE CALABACITA AMARILLA

Imprescindible en la cena del Día de Acción de Gracias. Se celebra el último jueves de noviembre.

Ingredientes

6 calabacitas amarillas medianas
1 cebolla grande en trocitos
1 taza de crema

1 taza de queso mozzarella rayado
1/2 barra de mantequilla o margarina
1/2 taza de queso parmesano

Procedimiento
Se cortan las calabacitas en rodajas y la cebolla se fríe en la mantequilla hasta que esté blanda. Aparte se engrasa un recipiente para hornear y en él se coloca una capa de las calabacitas, una de cebolla, un poco de la crema, un poco de queso rayado, sal y pimienta al gusto; volver a repetir la secuencia y terminar rociando con el queso parmesano. Cubrir el recipiente con papel de aluminio y hornear a 350 grados F. por 20 minutos.

Sirve
4 a 6 porciones

FIAMBRE VEGETARIANO
Platillo para festejar el Día de los Muertos el 2 de noviembre.

Ingredientes
3 remolachas
3 zanahorias
3 cebollas
2 zucchinis
2 pepinos
1 cabeza de coliflor
1/2 libra de ejotes
2 chiles campana verde
3 huevos duros (opcional)
1/2 taza de aceitunas
1/4 de libra de queso fresco
1 cucharadita de pimienta gruesa
1 cucharada de orégano
vinagre

Procedimiento

La remolacha, la zanahoria, y los zucchinis se cortan en tiras julianas, la coliflor se corta en ramitos, los ejotes se despuntan y todos se ponen a hervir en agua con sal a que ablanden un poco, pero que queden bastante firmes. Ya cocidos los vegetales, se colocan en un recipiente hondo no metálico junto con la cebolla rodajeada, el pepino en tiras y el chile verde en tiras, se les cubre con una mezcla del vinagre, orégano, pimienta y sal al gusto. Se dejan los vegetales curtiéndose en el vinagre toda la noche. Al siguiente día se colocan capas de cada uno de los vegetales en un plato de servir, terminando con el queso en tiritas o pedacitos y encima las aceitunas. Se decora con rodajas de huevo duro (opcional).

Sirve

8 porciones

ATOLE DE ELOTE

Para celebrar el Día de todos los Ángeles el 29 de septiembre.

Ingredientes

5 tazas de granos de elote cocido
6 elotes tiernos
10 tazas de leche
12 tazas de agua
3½ tazas de azúcar
1 cucharadita de sal
canela (opcional)

Procedimiento

Desgranar los elotes y moler o licuar los granos hasta formar una pasta; cocer los 6 elotes tiernos en 5 de las tazas de agua y hacerlos a un lado. Deshacer la pasta de elote en las 5 tazas de agua restantes y luego agregarle el agua donde se cocieron los elotes, colar este líquido, se le puede agregar más agua si está muy espeso. Ponerlo a cocer en una olla grande agregándole el azúcar y la sal. Con una cuchara de madera, muévase constantemente sin dejar hervir por unos 45 minutos o hasta que esté bien cocido, después agregarle la leche y continuar moviendo sin dejar hervir por unos minutos más, luego retirar del fuego. Se sirve tibio, con un poco de canela y unos granitos de maíz (opcional).

Sirve
10 a 15 porciones

ATOLE INDIO

Para festejar el Día de la Juventud el 5 de mayo.

Ingredientes
5 tazas de granos de maíz oscuro
sal al gusto
chile picante al gusto
fríjoles cocidos (opcionales)

Procedimiento
El maíz se licua en poca agua formando una masa, se deposita en un recipiente, se tapa y se deja así por un lapso de seis a ocho horas. Posteriormente se cuela y se le añade el agua necesaria para la cantidad que se desea, agréguele sal y cocine a fuego moderado hasta cocerse completamente. Si lo desea menos espeso puede agregarle más agua o viceversa. Este atole puede servirse tibio, mezclado con fríjoles cocidos y se condimenta con chile picante al gusto.

Sirve
10 porciones

ENSALADA LATINA

Para disfrutar en el Día de Navidad el 25 de diciembre.

Ingredientes

4 papas grandes
2 chayotes
2 remolachas
2 zanahorias
1/2 libra de ejotes
1 cucharadita de orégano
1 cucharadita de comino
sal y pimienta al gusto
mayonesa
vinagre

Procedimiento

Se cortan en trocitos las papas, remolacha, chayotes, ejotes y zanahoria, se ponen a cocer por poco tiempo en agua con sal a que queden firmes. Déjese enfriar, colocarlos en un recipiente hondo y rociarles vinagre al gusto. Se mezclan los vegetales con suficiente mayonesa y se condimenta con el orégano, comino, sal y pimienta al gusto.

Sirve

8 porciones

VEGETALES AL PARMESANO

Para recibir con alegría el Equinoccio de otoño el 21 de septiembre en el hemisferio norte.

Ingredientes

1 taza de champiñones rodajeados
2 chiles verde campana en tiras
2 zanahorias rodajeadas finamente
1/2 cebolla en anillos

3 cucharadas de aceite de oliva
1 cucharada de albahaca
$^{1}/_{2}$ taza de queso parmesano
sal y pimienta al gusto

Procedimiento
Se calienta el aceite de oliva y se fríen todos los vegetales hasta ablandar un poco, luego agregar la albahaca, sal y pimienta al gusto. Mezclarles el queso parmesano y servir.

Sirve
4 porciones

ENSALADA DE MAÍZ
Para honrar el Día de los Abuelos el 7 de septiembre.

Ingredientes
2 tazas de granos de maíz cocido
$^{1}/_{2}$ taza de cebolla picada finamente
$^{3}/_{4}$ de taza chile verde campana picado
$^{3}/_{4}$ de taza de queso americano en trocitos pequeños
mayonesa
sal y pimienta al gusto

Procedimiento
En un recipiente hondo se combinan el maíz, la cebolla, el chile y el queso; luego se le mezcla suficiente mayonesa para unir todo y se condimenta con sal y pimienta al gusto. Se sirve frío.

Sirve
6 porciones

ARROZ RELLENO CON ESPÁRRAGOS

Para celebrar con entusiasmo el Solsticio de Invierno el 21 de diciembre en el hemisferio norte.

Ingredientes

2 tazas de arroz crudo
½ taza de cebolla picada
½ barra de mantequilla o margarina
1 manojo de espárragos, puede ser enlatado
½ libra de queso fresco
1 taza de crema

Procedimiento

La cebolla se fríe en la mantequilla a fuego mediano, luego se le incorpora el arroz, se fríe un poco más y se la añade cuatro tazas de agua, cuando comience a hervir y consumir el agua, se tapa y continúa cociendo a fuego lento hasta que el arroz se ablande. En un recipiente para hornear engrasado se coloca una capa de arroz, luego rodajitas de queso, algunos de los espárragos y se rocía con un poco de la crema. Se vuelve a repetir la secuencia y por último se espolvorea queso parmesano por encima y se hornea a 350 grados F. por 20 a 30 minutos.

Sirve

8 porciones

CAPÍTULO 8

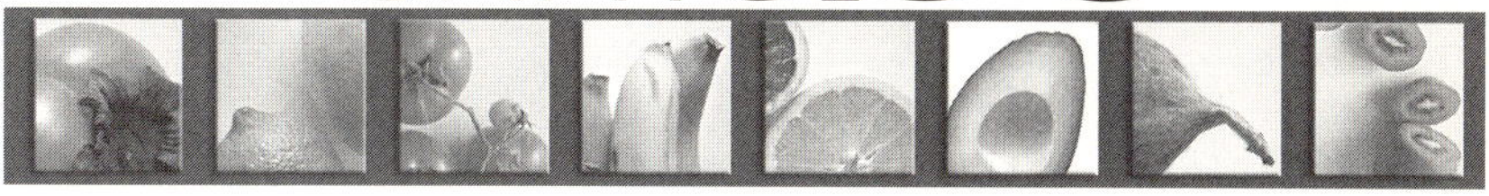

Remedios Naturales

¿Una aspirina o una rodaja de patata? Con nuestras agendas sobrecargadas al máximo, mil responsabilidades tanto laborales como personales y un centenar de "extras" que deben ser atendidos diariamente, nuestras vidas en la nueva era se han vuelto muy agitadas y por consiguiente en ocasiones estresantes.

Un dolor de cabeza por aquí, un achaque por allá, en fin un sinnúmero de síntomas (algunos reales, otros imaginarios) reflejan el resultado del continuo y periódico ajetreo al que nos vemos expuestos, entonces lo primero que hacemos es dirigirnos al gabinete de las medicinas, se nos hace muy conveniente abrir un botecillo e ingerir una píldora, ¡que rápido!

En situaciones específicas los medicamentos resultan convenientes y cuando son recomendados por los galenos sí se deben utilizar, pero en muchas ocasiones olvidamos que podemos beneficiarnos de otras alternativas ya que los mejores remedios los tenemos al alcance de nuestras manos; me refiero a los antídotos que Gea la Madre Naturaleza nos viene obsequiando desde el principio de las eras.

La gran mayoría de tan nobles maravillas se pueden ingerir sin miedo a secuelas y efectos secundarios, lo contrario a los químicos creados en el laboratorio, además se consiguen a una fracción del costo de los fármacos ofrecidos en las droguerías.

En tiempos actuales cuando ya hemos comenzado a preocuparnos por vigilar nuestra alimentación de una manera más saludable y buscamos el espacio para ejercitarnos regularmente, que mejor complemento que retornar a los prodigios naturales, cuando es posible por supuesto, —nuestro organismo lo agradecerá en demasía—.

A continuación se presenta una lista básica de remedios, consejos y formulas con ingredientes fáciles de encontrar y preparar, las aplicaciones pueden ser interminables, quizá los lectores más asiduos y gustosos en el tema pondrán a funcionar el ingenio, serán creativos y comenzarán a experimentar con algunos de estos productos, elaborando así sus propios tratamientos naturales. Buena salud y felicidad para todos.

Frutas

AGUACATE– *Persea americana*
Para devolverle todo el brillo y la sedosidad al cabello triste o maltratado se recomienda aplicar un aguacate pasado de maduro al cual se le añadirá unas gotas de aceite de oliva. La mezcla se deja reposar en el cabello durante dos horas. El resultado será asombroso.

ALBARICOQUE– *Prunus armeniaca*
Un licuado espeso de albaricoque representa uno de los remedios más eficaces para devolverle el color a la piel del rostro cuando se ha pasado por una anemia o cualquier otra enfermedad.

ALMENDRA– *Prunus dulcis*
Mezclar unas gotas de aceite de almendra con gel de sábila, masajear el cuero cabelludo con la mezcla para evitar la calvicie, la alopecia y promover el crecimiento del cabello. El aceite de almendra también es recomendado para auxiliar en la lucha contra las arrugas prematuras.

ARÁNDANO– *Vaccinum frondosum*
Tomar jugo de arándano dos veces al día cuando se presentan desórdenes en los riñones y dificultades para orinar, al mismo tiempo se receta para aminorar el mal olor en la orina. El jugo de arándano constituye uno de los remedios auxiliares para curar la uretritis.

BANANO– *Musa sapientum*
Cuando se ha perdido peso y se quiere recuperar el mismo en corto tiempo lo más recomendable es comer dos bananos diariamente: uno en el desayuno y uno en la hora del almuerzo.

CAÑA DE AZÚCAR– *Saccharum officinarum*
El jugo de la caña de azúcar se recomienda aplicarlo directamente a la piel cuando se ha de exponerse al sol durante varias horas, con ello se previenen la mayoría de daños causados por los rayos ultravioleta.

CEREZA– *Prunus avium*
El jugo de las cerezas es un buen remedio para curar la congestión hepática y además actúa como preventivo para evitar la formación de úlceras estomacales e intestinales. Las cerezas machacadas son aplicadas al rostro durante veinte minutos para eliminar la palidez.

CIRUELA– *Prunus domestica*
Con las ciruelas que se pasan de maduras se prepara una especie de puré que se aplica directamente al rostro por media hora una vez a la semana para desvanecer líneas prematuras y aminorar la aparición de arrugas.

COCO– *Cocos nucifera*
El agua de coco es considerada como uno de los remedios de mayor eficacia para combatir desórdenes de las vías urinarias como el mal de orín. La carne constituye un agente fortalecedor natural del sistema óseo.

DÁTIL– *Phoenix dactylifera*
Los dátiles constituyen un potente antídoto contra la desnutrición, el raquitismo o la pérdida de peso. Ha sido reconocido por muchos hombres como un potente afrodisíaco e inductor de la pasión femenina.

DURAZNO– *Prunus persica*
Los licuados espesos de durazno incluida la cáscara, se recomiendan como auxiliares en el tratamiento de los cálculos renales. Muchos afirman que su consumo frecuente previene de sufrir enfermedades como el cáncer en la próstata.

FRAMBUESA– *Rubus idaeus*

En el saber popular se tiene la creencia que el consumo frecuente de esta fruta ya sea en forma natural o por medio de licuados o jaleas, previene el cáncer e incluso asiste en su curación cuando está en sus primeras etapas.

FRESA– *Fragaria vesca*

Las fresas son consideradas como el remedio natural más seguro para aliviar la gastritis, además se recetan en la convalecencia de trastornos del hígado como la hepatitis. Dentro del saber popular se cree que al consumirla con frecuencia ayuda al rejuvenecimiento del rostro.

GRANADA– *Punica granatum*

Las compresas con agua de granada son efectivas para eliminar la resequedad de los ojos. Algunas personas recomiendan aplicar las gotas del fruto diluidas en agua directamente a los ojos como enjuague para combatir las infecciones oculares cuando se observan los primeros síntomas de la conjuntivitis.

GUAYABA– *Psidium guajava*

Otro remedio natural para curar la debilidad, promover el apetito y prevenir la anemia. La jalea de guayaba se considera un remedio auxiliar en el tratamiento de la amigdalitis.

HIGO– *Ficus carica*

Para prevenir y curar úlceras gástricas uno de los remedios más recomendados desde la antigüedad es la mermelada de higos, también se dice que cura la mayoría de padecimientos estomacales.

LIMA– *Citrus aurantifolia*

Se aconseja ingerir jugo de lima mezclado con miel para curar el resfriado, la influenza y la tos crónica, también cura la inflamación de la garganta y la amigdalitis.

LIMÓN– *Citrus limon*

Después de un pedicure se aconseja frotar los pies con limón y un poco de sal, con ello se logra aclarar y desodorizar la piel en esa zona, mejorando al mismo tiempo la textura de la misma. El jugo de limón también se recomienda para eliminar los molestos y antiestéticos callos.

MANDARINA– *Citrus deliciosa*

Ya sea en forma natural, por medio de jugo o jalea, la mandarina se recomienda para eliminar el estrés y calmar la ira, sus efectos sedantes también ayudan a conciliar el sueño.

MANGO– *Mangifera indica*

Otro afrodisíaco por excelencia, muchos comentan que lo han ingerido alrededor de dos o tres horas antes de un encuentro romántico y los resultados han sido asombrosos. Se cree que ayuda a combatir y hasta eliminar la eyaculación precoz.

MANZANA– *Pyrus malus*

Rodajas frescas de la manzana verde se aplican directamente a los ojos para aminorar las ojeras y desvanecer los círculos oscuros que se forman alrededor de los párpados.

MARAÑÓN– *Anacardium occidentale*

Las semillas de marañón también son consideradas como cura para la impotencia, además al consumirlas con frecuencia ayudan a desvanecer las arrugas que se forman en el área de los ojos y la boca.

MELÓN– *Cucumis melo*

Potente remedio para contrarrestar la gripe, los resfriados y la mayoría de enfermedades contagiosas cuando se presentan los primeros síntomas. Se recomienda añadirle a su jugo unas gotas de limón para que el resultado sea óptimo.

MEMBRILLO– *Cydonia vulgaris*
Tanto los dulces de membrillo como las jaleas, se recetan para ayudar en el tratamiento contra la rinitis y la inflamación de la garganta. Del mismo modo se dice que resultan efectivos en el tratamiento de la amigdalitis.

MORA– *Rubus villosus*
Las cremas y ungüentos elaborados a base de moras, son reconocidos como el mejor alivio contra las quemaduras leves, escaldaduras y ronchas provocadas por la insolación.

NARANJA– *Citrus sinensis*
El aceite de la naranja o neroli como se le conoce comúnmente es uno de los antídotos más recetados para eliminar el estrés excesivo, las palpitaciones, la ansiedad y la tensión. Igualmente se recomienda para aquellas personas que sufren ataques de pánico.

PAPAYA– *Carica papaya*
Un jugo espeso de papaya es recomendado para curar la disentería, la diarrea, pesadez estomacal y la mayoría de trastornos ocasionados por la ingerencia de alimentos contaminados. Asimismo le brinda mayor elasticidad al cutis y firmeza a la piel en general.

PERA– *Pyrus communis*
Frecuentemente es consumida por atletas y deportistas ya que aumenta la energía y la potencia en el organismo. Se recomienda comerla para curar la indigestión y la mayoría de malestares estomacales cuando éstos recién comienzan.

PERSIMMON– *Dispyros virginiana*
Se recomienda comer persimmons para prevenir el mal aliento y la lenta digestión. Se ingiere antes de las comidas como aperitivo evitando así una futura acidez estomacal.

PIÑA– *Ananas comusus*
Los enjuagues bucales y las gárgaras con jugo de piña son frecuentemente indicados para aliviar irritaciones en el paladar y pústulas en las encías. El jugo es benéfico para el buen mantenimiento de la dentadura.

SANDÍA– *Citrullus vulgaris*
El jugo de la sandía es recetado para aquellas personas que resienten de palidez ya que consumiéndolo con frecuencia, especialmente en el desayuno, le brinda al rostro una tonalidad más vistosa y atractiva.

TAMARINDO– *Tamarindus indica*
Es recomendable comer tamarindo o beberlo por medio de jugos cuando se quiere inducir al apetito especialmente si se ha pasado por una enfermedad contagiosa o si se ha padecido de anorexia.

TORONJA– *Citrus paradisi*
La toronja si es consumida en el desayuno constituye uno de los mayores soportes para las personas que precisan bajar de peso ya que ayuda a suprimir en gran medida el deseo de comer en exceso, de igual manera aclara la piel del rostro cuando se frota con su pulpa una vez a la semana.

UVA– *Vitis vinifera*
El jugo de uvas además de aliviar la pesadez estomacal también se recomienda para curar el raquitismo e inducir el buen apetito. La cura para la indigestión también puede encontrarse en el consumo de las uvas rojas.

ZAPOTE– *Achras sapota*
El licuado de zapote mezclado con jugo de papaya constituye otro remedio efectivo para limpiar de impurezas el estómago, prevenir y hasta curar la gastroenteritis, la colitis y las úlceras estomacales. El aceite de la semilla de zapote conocido como sapuyulo hace crecer las pestañas y se considera como antagonista de la calvicie.

Vegetales

ACEITUNA– *Olea europaea*
El aceite de oliva actúa como un excelente acondicionador del cabello, se calienta un cuarto de taza y se aplica en el cabello, se deja durante 30 minutos y después se lava. También es apropiado para bajar el nivel del colesterol, se recomienda usarlo para cocinar y como aderezo de ensaladas.

AJO– *Allium sativum*
Un diente de ajo se corta en trozos finos y se aplica para prevenir el acné y la propagación de las espinillas. Una infusión preparada con ajos se recomienda para curar la indigestión.

AJONJOLÍ– *Sesamum orientale*
Para las personas que desean subir de peso se aconseja que preparen como complemento del desayuno un batido de leche, banano y ajonjolí. Si lo toman al menos cuatro veces por semana, en menos de un mes notarán la diferencia

ALCACHOFA– *Cynara scolymus*
Un té o infusión espesa de alcachofa se indica para aliviar dolores provocados por los cálculos renales, asimismo asiste en la eliminación de las arenillas que los provocan.

ALGAS MARINAS– *Glacilaria gelidium*
El jugo de algas marinas mezclado con el jugo de toronja es considerado uno de los antídotos contra la obesidad. Las cremas cosméticas elaboradas con algas marinas ayudan a mantener la juventud y elasticidad en el rostro.

APIO– *Apium graveolens*
Ya sea ingerido en forma natural o por medio de una infusión, constituye uno de los remedios más recomendados para limpiar el ácido úrico cuando se ha propagado en otras áreas del organismo.

BERENJENA– *Solanum melongena*
Comer berenjena es recomendable para bajar los altos niveles de colesterol y azúcar en la sangre. Los emplastos con la pulpa bien madura se aplican para disminuir manchas provocadas por paño o quemaduras del sol y borrar cicatrices de la piel.

BERRO– *Nasturtium officinale*
Por su alto contenido de hierro resulta el remedio perfecto para combatir la anemia, la falta de apetito, además combate la palidez y le devuelve la tonalidad normal al rostro.

BRÓCOLI– *Brassica spp.*
La ensalada de Brócoli es comúnmente recetada para mantener en óptimas condiciones el corazón y todo el aparato circulatorio, de la misma manera previene los trastornos y padecimientos óseos.

CALABAZA– *Curcubita pepo*
Una horchata preparada con las semillas de la calabaza constituye un remedio eficaz para combatir trastornos asociados a la inflamación de la próstata y la vejiga.

CEBOLLA– *Allium cepa*
Aplicar finas rodajas directamente a la piel para aliviar picaduras de mosquitos, eliminar alergias menores causadas por el polen de las flores y el salpullido en los niños.

CILANTRO– *Coriandrum sativum*
Agregándolo a las comidas o ingiriéndolo en una infusión, resulta efectivo para controlar la diabetes y disminuir los dolores provocados por la artritis.

COLIFLOR– *Brassica botrytis*
Su jugo es ampliamente indicado para limpiar las vías urinarias y aliviar las inflamaciones tanto del duodeno como del colon. La infusión resulta efectiva para aliviar la cistitis.

CHAMPIÑONES– *Funga*
Comer champiñones con frecuencia ayuda a eliminar la grasa excesiva del cuerpo, previniendo así el aumento de peso, la flacidez y la temida obesidad.

CHAYOTE– *Cucúrbita spp.*
Cuando es ingerido en forma natural asiste en la prevención y curación del asma y la tos crónica. También alivia los cólicos estomacales. Un enjuague en el cabello con agua de chayote aumenta el cuerpo del mismo y le devuelve el brillo natural.

CHILE– *Capsicum annum*
El consumo moderado de chile o ají ayuda a prevenir las embolias.

ESPÁRRAGOS–*Asparagus officinalis*
Una infusión tibia preparada con espárragos funciona como uno de los mejores remedios para aliviar las molestias ocasionadas por la cistitis y uretritis.

ESPINACAS– *Spinacea oleracea*
Para eliminar la dificultad al respirar especialmente durante la noche, se recomienda tomar una o dos horas antes de irse a la cama un jugo de espinacas al que se le pueden agregar unas gotas de jugo de limón.

LECHUGA– *Lactuca sativa*
La lechuga al igual que el tomate se aplica directamente a la piel en caso de quemaduras leves, llagas causadas por la insolación y salpullido. Para condiciones de piel reseca también se recomienda.

MAÍZ– *Zea mays*
La infusión de cabellos de elote es recomendada para asistir en la cura del asma y la mayoría de trastornos respiratorios. En el saber popular se afirma que al comer con frecuencia una porción de granos de maíz se ayuda a prevenir el cáncer del colon.

PAPA– *Solanum tuberosum*
Aplicar rodajas de papa para disminuir las bolsas que se desarrollan en el área inferior de los ojos, aliviar las irritaciones, enrojecimientos y eliminar las ojeras causadas por un desvelo. También se aplican en la frente para ponerle fin al dolor de cabeza.

PEPINO– *Cucumis sativus*
Licuar la mitad de un pepino, colar, agregar unas gotas de limón y aplicar por veinte minutos a paños y manchas causadas por el sol, a la tercera aplicación las marcas habrán desaparecido casi por completo.

PEREJIL– *Petroselinum sativum*
Los enjuagues con infusiones tibias de perejil ayudan a prevenir la caída del cabello y promueven su crecimiento. También se recomiendan enjuagues una vez al mes para prevenir el eczema y la alopecia.

RÁBANO– *Raphanus sativus*
Las hojas de rábano machacadas son comúnmente aplicadas localmente para reducir los dolores causados por la artritis. Algunas personas también le consideran como un potente afrodisíaco.

REMOLACHA– *Beta vulgaris*
El jugo de la remolacha es uno de los remedios indicados para combatir la debilidad, la fatiga excesiva y la palidez. También constituye una poderosa fuente de energía ya que incrementa las defensas del organismo.

REPOLLO– *Brassica oleracea*
Una infusión preparada con repollo rayado y endulzada con miel de abeja actúa como el medicamento natural más efectivo para combatir las infecciones en la garganta y brindar alivio a personas que han quedado afónicas.

RUIBARBO– *Rheum palmatum*
Prepare una infusión con la raíz de ruibarbo para desinfectar heridas leves, quemaduras y raspones. Las propiedades cutáneas de la pócima desvanecerán las decoloraciones, cicatrices y marcas si son atendidas con prontitud.

SOYA– *Glycine max*
Enjuagar la cara en las mañanas con leche de soya incrementa la lozanía de la piel y se dice que promueve el rejuvenecimiento. Un enjuague semanal con leche de soya aplicado al cabello promete aumentar su cuerpo, brillo y lozanía.

TOMATE– *Lycopersicum esculentum*
El jugo de tomate es ampliamente recetado para inducir el buen funcionamiento del hígado y actúa como medicina preventiva contra las úlceras estomacales y la deficiencia hepática.

YUCA– *Yucca Euphorbiacea*
Las cáscaras de la yuca son aplicadas localmente para eliminar inflamaciones de la piel y la hinchazón provocada por las picaduras de abejas, avispas y otros insectos. También actúan de manera eficaz para aliviar alergias de la piel producidas por plantas silvestres.

ZANAHORIA– *Daucus carota*
El jugo de zanahoria es conocido como uno de los máximos remedios para combatir enfermedades en los ojos y reforzar la visión. Cuando se mezcla con el jugo de la naranja se convierte en el antídoto para eliminar la sinusitis.

ZUCCHINI– *Cucurbita maxima*
Porciones de zucchini cocinado al vapor se agregan a las comidas para promover el buen apetito y asistir en la digestión. Los enjuagues faciales con agua de zucchini eliminan la grasa excesiva del rostro y evitan la aparición de espinillas.

Hierbas

ALBAHACA– *Ocimum basilicum*
Al combinar la misma cantidad del jugo de esta planta con un poco de miel se obtendrá el remedio perfecto para contrarrestar la picadura de hormigas, abejas y la comezón.

ANÍS– *Pimpinella anisum*
La infusión del anís se receta para aminorar y aliviar padecimientos del órgano sexual masculino como la inflamación de la próstata y los testículos, asimismo asiste en la curación de la uretritis.

ÁRNICA – *Arnicamontana*
La tintura del árnica bien diluida con agua mineral se usa como enjuague final después de bañarse para prevenir la calvicie y la alopecia cuando se comienzan a advertir ambos padecimientos. La crema de árnica también se utiliza con el mismo propósito.

CANELA– *Cinnamomum zeylanicum*
El té de canela es frecuentemente recetado como uno de los mejores remedios para aliviar trastornos urinarios como la incontinencia y el mal de orín. Debe ser ingerido en ayunas. También se recomienda para aumentar la pasión y el apetito sexual.

CÁSCARA SAGRADA– *Rhamnus prusiana*
Para aliviar la constipación, prevenir la lenta digestión y el estreñimiento uno de los remedios más recomendados es la infusión de cáscara sagrada. No se recomienda a personas que padezcan de serios trastornos gástricos e intestinales.

DAMIANA– *Turnera diffusa*
A las infusiones preparadas con esta hierba se les conoce como la viagra natural ya que si se le ingiere con frecuencia promete devolver la potencia sexual masculina a cualquier edad.

EPAZOTE– *Chenopodium ambrosoides*
Un té espeso de epazote en ayunas es el remedio indicado para combatir los parásitos intestinales y también sirve de apoyo en el tratamiento contra la amibiasis.

EQUINACIA– *Echinacea augustifolia*
A la infusión de equinacea se le reconoce como un estimulante del sistema inmunológico y como una de las curas contra las infecciones e inflamaciones de la vejiga.

EUCALIPTO– *Eucalyptus globulus*
Se hace un preparado con miel, gotas de limón y jugo de eucalipto para curar la tos crónica y las infecciones bronquiales, también resulta efectivo para tratar la sinusitis.

GINKGO– *Ginkgo biloba*
Ya sea ingerido por medio de infusiones o en forma natural, el ginkgo es uno de los mejores preventivos contra la arterosclerosis, los derrames cerebrales y el infarto cardíaco

GINSENG– *Panax quinquefolius*
Es reconocido como uno de los principales auxiliares en la lucha contra la diabetes, sin embargo su uso requiere supervisión médica. Muchos de sus usuarios dan fe y testimonio que el ginseng es una hierba que puede curar cualquier enfermedad.

GORDOLOBO– *Verbascum thapus*
Los asientos en una infusión tibia de gordolobo ayudan a aminorar y hasta desparecer las hemorroides. Las propiedades anti-inflamatorias de esta hierba ya han sido comprobadas por la ciencia.

HIERBABUENA– *Mentha sativa*
Un manojo de hojas de menta se ponen a hervir y se hacen inhalaciones para aliviar los ataques de asma, la congestión nasal y ayudar en la cura de la sinusitis. También cura los cólicos.

HINOJO– *Foeniculum officinale*
Las compresas con infusiones de hinojo son particularmente recomendadas para aliviar infecciones menores e irritaciones en los ojos. La conjuntivitis puede ser combatida de esta manera cuando se observan sus primeros síntomas.

JENGIBRE– *Zingiber officinalis*
Se recomienda mascar un trozo de jengibre cristalizado para aliviar mareos y náuseas provocados en viajes largos por tierra o agua.

LAUREL– *Laurus nobilis*
Al laurel se le atribuyen un sinnúmero de propiedades médicas, una de las más recientes indica que la infusión tibia de la hierba actúa como remedio contra los hongos en los pies y el pie de atleta.

LAVANDA– *Lavendula officinalis*
Poner en remojo sus flores durante cuatro horas, posteriormente utilizar la mezcla como enjuague bucal para aliviar úlceras, la irritación de las encías, amigdalitis y prevenir el mal aliento.

LINAZA– *Linum usitatissimum*
Los baños con agua de linaza son ampliamente recetados para combatir afecciones de la piel como eczema, salpullido e incluso para algunas personas han sido beneficiosos en su lucha contra el acné.

LLANTÉN– *Plantago psyllium*
La infusión de llantén es altamente recetada para eliminar la flema excesiva, el mal aliento y también se le reconoce como auxiliar en el tratamiento contra la rinitis y rinitis crónica.

MANZANILLA– *Matricaria recutita*
El té de manzanilla entre sus múltiples aplicaciones médicas se receta para inducir el buen apetito y combatir los sentimientos de tristeza provocados por los malos recuerdos. Además ayuda a promover el sueño previniendo el insomnio.

MEJORANA– *Origanum marjorana*
La tintura de la mejorana se receta como remedio para curar tanto el herpes labial como el herpes genital, también se pueden aplicar hojas frescas machacadas en las áreas afectadas.

MIRRA– *Commiphora molmol*
El enjuague bucal con agua de mirra es recetado para eliminar pústulas, inflamaciones e irritaciones de las encías, la lengua y el paladar blando.

MOSTO DE SAN JUAN– *Hypericum perforatum*
El té es recomendado en ayunas para eliminar la melancolía, desvanecer los impulsos de ira, evitar los sentimientos de congoja y curar la depresión crónica y depresión post parto.

NUEZ MOSCADA– *Myristica fragans*
Los masajes con el aceite esencial de la nuez moscada resultan altamente efectivos para aliviar los dolores provocados por la artritis y el reuma.

ORÉGANO– *Origanumvulgare*
La tintura y las infusiones de orégano son reconocidas como uno de los remedios naturales más efectivos para combatir la bronquitis y la tos crónica.

ROMERO– *Rosemarinus officinalis*
Tomar un té ligero de romero dos veces al día para aliviar la gripe cuando recién se advierten los primeros síntomas. Los dolores provocados por el reumatismo también pueden ser aliviados por medio de una infusión tomada en ayunas.

RUDA– *Ruta graveolens*
Se aplica machacada directamente en los oídos cuando se padecen los primeros síntomas de la otitis. Su fuerte olor debe ser absorbido por personas que sufren de presión baja.

RUIBARBO– *Rheum palmatum*
La tintura ingerida en pequeñas dosis alivia los dolores provocados por la menstruación y la irritación causadas por la misma. También previene la aparición de espinillas cuando se bebe una infusión dos días antes que de inicio el período.

SÁBILA –*Aloe vera*
El gel se aplica directamente en heridas menores, quemaduras y raspones para promover una rápida cicatrización, previniendo al mismo tiempo las infecciones causadas por las bacterias.

SALVIA– *Salvia officinalis*
Las gárgaras con una infusión tibia de salvia son recetadas para aminorar el dolor causado por la inflamación de las amígdalas. Los baños con agua de salvia promueven el rejuvenecimiento y estimulan el crecimiento del cabello.

VALERIANA– *Valeriana officinalis*
Son altamente reconocidas sus propiedades calmantes por medio de una infusión para contrarrestar la ira y la histeria, también se receta para eliminar calambres, especialmente en el área del estómago y el vientre bajo.

YOHIMBINA– *Pausinystalia yohimbe*
Se recomienda ingerirle como suplemento vitamínico diario para preservar el deseo sexual, además actúa como preventivo contra la impotencia y los trastornos prostáticos.

CAPÍTULO 9

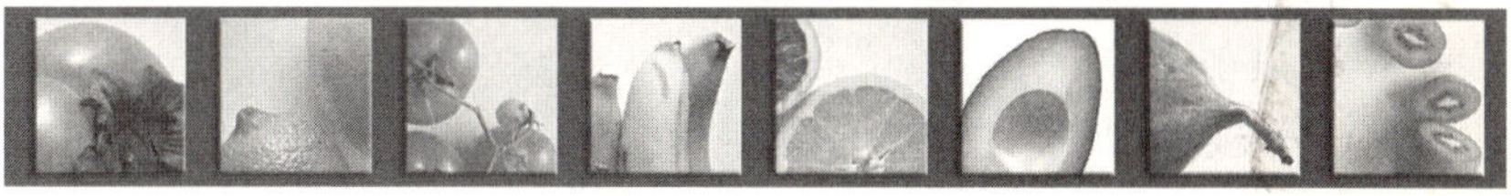

Mascarillas

Era una bohemia tarde de Otoño hace casi una década, cuando disfrutaba de una animada reunión entre amigos practicantes de magia y misticismo, de pronto vi entrar en el salón donde nos encontrábamos a una mujer especialmente atractiva, iba ataviada con prendas llamativas, portaba joyas de jade y malaquita y por si fuera poco era orgullosa poseedora de un cutis increíblemente terso y juvenil. Por su aspecto y manera de conducirse, calculé que tendría alrededor de treinta y cinco años de edad cuando mucho.

Me pareció una persona sumamente interesante, mi curiosidad aumentó a tal grado que me acerqué a su grupo y uno de sus acompañantes me presentó con ella.

Fue así como entablamos una amena plática, pero después de unos minutos no pude contenerme más y le pregunté cuál era su secreto para poseer ese cutis de porcelana, a lo que ella respondió, ¿qué edad me calculas? Le contesté lo que pensaba y me confesó de manera sorprendente que tenía cincuenta y ocho años de edad y que la fórmula para lograr su apariencia consistía en un cándido secreto: "Siempre que preparo comidas, ensaladas o postres con vegetales o frutas, aparto una pequeña porción o sus cáscara y las aplico en mi rostro por un periodo de por lo menos quince minutos. He practicado esta costumbre desde que era una jovencita y ahora puedes ver los resultados que han perdurado con el paso de los años".

Las mascarillas han gozado de gran popularidad desde las eras más remotas, en el antiguo Egipto, Cleopatra, cuya legendaria belleza incluía una piel perfecta, solía aplicar diariamente en su cutis la pulpa de frutas y vegetales exóticos como la remolacha, a la que les mezclaba miel de abeja pura y leche de cabra; al mismo tiempo les exigía a sus doncellas que hicieran lo mismo si querían mantener su codiciada posición como parte del séquito de su majestad.

Para llegar a ser la orgullosa o el orgulloso poseedor de una piel envidiable, solamente tiene que seguir las sencillas, económicas y fáciles indicaciones adscritas en este capítulo. Puede darle rienda suelta a la creatividad y formular sus propias combinaciones, las posibilidades son ilimitadas y los resultados prontamente se advierten cuando se recurre a la ilimitada opulencia de la madre naturaleza.

Para revitalizar y afirmar

BANANA

Afirma y suaviza el cutis

Ingredientes

½ banana (bastante madura)
½ cucharadita de miel
1 ramita de menta
unas cuantas gotitas de limón

Procedimiento

Se hace un puré con la banana, agregar la miel, la menta y el limón hasta formar una pulpa suave. Aplíquese esta mezcla en su cara y cuello y dejarla por 20 minutos, luego lavarse la cara con agua tibia.

PEPINO

Para piel cansada y sin brillo

Ingredientes

1/2 pepino

Procedimiento

Licuar el pepino con un poco de agua, luego colarlo y poner la pulpa sobre toda la cara, incluyendo alrededor de los ojos y el cuello. Déjese de 20 a 30 minutos y luego lavarse con agua tibia.

REMOLACHA

Para recuperarse después de un desvelo

Ingredientes

1 remolacha

1/4 de taza de leche

Procedimiento

Cortarse la remolacha en trocitos y licuarla con la leche, colarse dejando un poco del líquido y aplicarse por toda la cara y el cuello, incluyendo alrededor de los ojos. Déjese esta mascarilla por lo menos media hora, pero si se tiene tiempo, puede dejarse hasta por dos horas y los resultados serán todavía más sorprendentes. Retirarse con agua tibia. Lo que sobre se puede refrigerar y usar al día siguiente.

PAPA

Para piel deshidratada y marchita

Ingredientes

1 papa

Procedimiento

Se corta la papa en trocitos, se licua en un poco de agua, se cuela y se aplica en el cutis incluyendo el área de los ojos, se deja por 30 minutos y se lava con agua tibia. Se pueden sustituir las rodajas de papa por la mezcla para cubrir el rededor de los ojos. También se le puede agregar miel para suavizar y humectar la piel.

MELOCOTÓN

Para brillo y humedad

Ingredientes

1 melocotón muy maduro

1 cucharada de yogurt sin sabor

$^1/_2$ cucharadita de miel

$^1/_2$ cucharadita de jugo de limón

Procedimiento

Deshacer o licuar todos los ingredientes juntos y esparcirlos por todo su cutis, excepto alrededor de los ojos, dejarse por 20 minutos, luego retirar con agua tibia y terminar con un enjuague de agua muy fría.

Para piel grasosa o problemática

TOMATE

Para eliminar el exceso de grasa

Ingredientes

1 tomate

$^1/_2$ cucharadita de miel

Procedimiento

Deshacer el tomate y agregarle la miel, mezclar bien y extenderlo por toda la cara evitando el área alrededor de los ojos, dejarse por 15 a 20 minutos y luego enjuagar. El tomate sirve como astringente y la miel suaviza y calma la piel.

ZANAHORIA

Para eliminar el exceso de grasa

Ingredientes

2 zanahorias cocidas

2 cucharadas de miel

Procedimiento

Licuar la zanahoria hasta formar un puré, mezclarle la miel y luego aplicarla al rostro, dejarse por 15 a 20 minutos y lavarse con agua tibia. La zanahoria contiene beta caroteno, vitamina que sirve de alimento para la piel, la miel es humectante y suavizante como ya hemos hecho referencia.

FRESAS

Para acné y manchas

Ingredientes

5 fresas medianas

1 cucharada de yogurt sin sabor

1/2 cucharadita de jugo de limón

Procedimiento

Preparar un poco de puré con las fresas, agregar el yogurt y el jugo de limón, mezclarlo bien y ponerlo sobre la cara, evitando el área alrededor de los ojos, dejarlo por 20 a 30 minutos, luego retirar con agua tibia.

LIMÓN

Para aclarar manchas

Ingredientes

1 cucharada de yogurt sin sabor

1/2 cucharadita de miel

el jugo de 1/2 limón

el jugo de 1/2 lima

Procedimiento

Mezclarse todos los ingredientes y dejarse reposar en la cara, evitando el área de los ojos, por 30 minutos, luego enjuagar con agua o leche tibia, acto seguido aplicar una crema humectante.

AVENA

Para eliminar el exceso de grasa, también para suavizar y calmar

Ingredientes

1/4 de taza de avena

1/2 cucharadita de miel

1 cucharada de leche

Procedimiento

Moler o licuar la avena hasta pulverizarla totalmente, luego agregar la leche y la miel, formando una pastita que se aplica por toda la cara excepto el área de los ojos. Déjese por 15 a 20 minutos y retirar con agua o leche tibia.

MANZANA

Para el acné

Ingredientes

1 manzana pequeña

2 cucharadas de miel

1 ramita de menta molida

Procedimiento

Se pela la manzana y se hace un puré al que se le agrega la miel y la menta. Déjese en la piel por 30 minutos, luego retirar con agua tibia.

LAUREL

Para piel propensa al acné

Ingredientes

5 hojas de laurel seco

2 cucharadas de barro

1/2 taza de agua destilada

Procedimiento

Se hierven las hojas de laurel en el agua destilada por unos minutos, se desechan las hojas y el agua se le agrega al barro hasta formar una pasta. Aplicar en el cutis y dejar por unos 15 minutos evitando mover los músculos de la cara. Enjuagar con agua tibia. En caso que sobre un poco del líquido, se puede refrigerar y usar como astringente.

Para piel con muchas arrugas o líneas

CIRUELA

Para exfoliar la piel

Ingredientes

1 ciruela muy madura (ya cuando no se puede comer)

1 cucharadita de leche

Procedimiento

Deshacer la ciruela con la leche a modo de hacer una pastita, colocarla en toda la cara, evitando el área de los ojos, (se aconseja poner algodones empapados de leche en esa área). Después de 30 minutos, lavar la cara con agua tibia y aplicar un buen humectante. Para obtener un mejor resultado, aplicarse esta mascarilla una vez a la semana. Como variante puede agregarle un poco de miel, la cual proveerá humedad a la piel especialmente si es de condición muy seca.

MANZANA

Para exfoliar la piel

Ingredientes

1 manzana

2 cucharadas de leche

1 cucharadita de miel

$^1/_2$ cucharadita de jugo de limón

Procedimiento

Licuarse la manzana junto con la miel, el jugo y la leche, aplicarla al cutis y dejarla por lo menos 30 minutos, (cubrir los ojos con algodones empapados con leche).

LIMÓN

Para exfoliar y humectar

Ingredientes

½ cucharadita de jugo de limón

1 cucharadita de miel

Procedimiento

Una mascarilla sencilla y a la vez muy efectiva. Mezclar y ponerse en la cara, menos en el área de los ojos, dejarse por 15 a 20 minutos y luego lavarse con agua tibia seguida de agua fría.

Para piel muy seca

AGUACATE

Imparte aceites naturales necesarios para la piel

Ingredientes

1 aguacate muy maduro (a punto de arruinarse)

Procedimiento

Deshacer el aguacate en forma de puré, aplicarlo en la cara por unos 20 minutos y lavarse con agua fría. Hacerse esta mascarilla a menudo si la piel es extremadamente seca o presenta signos de deshidratación.

SÁBILA

Para humectar y calmar la piel

Ingredientes

1 cucharada de gel de sábila

½ cucharadita de miel

una ramita de menta

Procedimiento

Mezclar los ingredientes y untar en toda la cara y cuello, colocar un humectante favorito en el área de los ojos y cubrirlos con rodajas de pepino para refrescarlos, déjese reposar la mascarilla por 20 minutos y enjuagarse con agua fría.

ESPINACAS

Para cutis muy seco

Ingredientes

1 taza de espinacas crudas

2 cucharadas de leche de soya

Procedimiento

Licuar las espinacas en un poco de agua, colar el exceso de líquido y agregarle la soya formando una pasta. Se aplica esta mezcla por todo el cutis (se puede incluir el área de los ojos) y se deja por 20 a 30 minutos. Retirar con agua tibia.

PERA

Para proveer humedad y suavizar

Ingredientes

1 pera

$^1/_2$ taza de algas marinas

1 cucharada de miel

Procedimiento

La pera se pela y se licua junto a las algas en un poco de agua; colar y obtener la pasta, luego agregar la miel y untar la piel con esta mezcla. Se deja por lo menos 20 minutos.

PERSÍMON

Excelente para cutis reseco

Ingredientes

1 persímon pequeño (bastante maduro)

1 cucharadita de miel

Procedimiento

Formar una pasta con la pulpa del persímon y agregarle la miel. Colocar en el cutis y dejarla por 20 minutos, luego retirar con agua tibia y seguir con una crema humectante. Debe hacerse por lo menos una vez por semana.

Para todo tipo de cutis y ocasión

SÁBILA

Pata exfoliar y humectar

Ingredientes

2 cucharadas de jugo o gel de sábila
1 cucharada de aceite de oliva
1 cucharadita de jugo de manzana

Procedimiento

Mezclar homogéneamente todos los ingredientes, aplicar en la cara y dejar por 15 minutos. Enjuagar con agua tibia.

MELOCOTÓN

Afirma, humedece e imparte brillo

Ingredientes

½ melocotón maduro
½ banana (madura)
2 cucharadas de leche
¼ de cucharadita de nuez moscada
1 cucharada de harina

Procedimiento

Se hace un puré con la banana y se le agregan los demás ingredientes a formar una pasta que luego se coloca sobre la piel y se deja por 20 minutos.

ACEITE DE OLIVA

Para acondicionar el cutis y dejarlo terso y firme

Ingredientes

1 huevo
2 cucharadas de aceite de oliva
1 cucharadita de jugo de limón

Procedimiento

Se bate medianamente el huevo y se le agrega el aceite y el jugo. Esta mascarilla es un poco trabajosa, se debe tener cuidado de no ensuciar la ropa. Los resultados para la piel son verdaderamente asombrosos.

AGUACATE

Para lucir un cutis resplandeciente y joven

Ingredientes

1 zanahoria cocida

½ aguacate sobre maduro

1 cucharada de yogurt (sin sabor)

½ cucharadita de jugo de limón

Procedimiento

La zanahoria se licua a formar un puré, al que se la agrega el aguacate y se mezcla muy bien a formar una pasta homogénea, se añade el yogurt y el jugo. Déjese en la piel por 20 a 30 minutos y se retira con agua tibia.

ACEITE DE OLIVA

Este es uno de los mejores acondicionadores para la piel, repone aceites esenciales dejándola rejuvenecida y tersa.

Ingredientes

1 cucharada de aceite de oliva

1 cucharada de leche

1 cucharada de harina

¼ de cucharadita de sal

Procedimiento

Mezclar todos los ingredientes a formar una pasta y aplicarla por toda la cara evitando el área de los ojos. Se deja por 20 minutos y se retira con agua mineral.

PAPA Y SÁBILA

Para afirmar, aterciopelar y aclarar manchas. Esta mascarilla también resulta altamente efectiva para eliminar el acné.

Ingredientes

1 hoja entera de sábila

½ papa

Procedimiento

Se licua la papa en un poquito de agua, se cuela y se reserva el líquido en el cual se licuará la sábila. Unir todo formando una pasta y colocarla en la cara. Dejar en la piel por 20 a 30 minutos, luego retirar y seguir con un humectante.

AGUACATE

Para suavizar, exfoliar e impartir brillo

Ingredientes

½ aguacate sobre maduro

2 cucharadas de leche

1 cucharada de avena

Procedimiento

Se hace un puré con el aguacate, se le agrega la leche y la avena. Aplicar esta mezcla en el cutis y dejarla 30 minutos. Finalmente retirar con agua fría.

LIMÓN

Para fortalecer la piel, afirmar y destapar los poros

Ingredientes

1 clara de huevo

1 cucharadita de jugo de limón

¼ de cucharadita de azúcar

Procedimiento

Se mezclan todos los ingredientes y se unta en el rostro, evitando el área de los ojos. Se deja por 20 minutos y se enjuaga con suficiente agua seguida de un buen humectante.

PEPINO

El pepino es un fabuloso refrescante natural que ayuda a hidratar la piel fomentando su rejuvenecimiento y le colabora a recuperarse del estrés de la vida diaria.

Ingredientes

½ pepino
1 cucharada de miel
1 cucharada de avena

Procedimiento

Licuar el pepino con todo y la cáscara, colarlo, agregarle la miel y la avena hasta formar una pasta, acto seguido aplicar en el cutis, evitando el área de los ojos, los cuales se pueden cubrir con finas rodajas de pepino para refrescarlos y al mismo tiempo desvanecer las bolsitas, las ojeras o la hinchazón. Dejar esta mascarilla por 30 minutos.

BANANA

Esta es otra mascarilla que vale la pena probar, deja la piel maravillosamente humectada.

Ingredientes

½ banana
¼ de pepino
2 cucharadas de miel
2 fresas
1 cucharada de yogurt

Procedimiento

Preparar un puré con la banana, licuar el pepino y colar, agregar la miel, el yogurt y las fresas machacadas hasta combinar por completo. Posteriormente esparcir la mezcla por toda la cara y dejar por 20 a 30 minutos. Los resultados le sorprenderán.

ACEITE DE OLIVA

Para limpiar, exfoliar y suavizar el cutis

Ingredientes

1 cucharada de aceite de oliva

1cucharadita de miel

1 cucharada de azúcar

1 cucharadita de jugo de limón

Procedimiento

Combinar todos los ingredientes y aplicar al cutis evitando el área de los ojos. Déjese 10 a 15 minutos, luego masajearla en círculos por un par de minutos más y enjuagar con suficiente agua.

NARANJA

Perfecta después de una noche de fiesta, para recuperar el brillo y la humedad.

Ingredientes

$1/2$ aguacate (bastante maduro)

$1/4$ de pepino

2 cucharadas de jugo de naranja

2 rodajas finas de papa

Procedimiento

Mezclar el aguacate con el pepino ya licuado y agregar el jugo, dejar sobre el cutis por lo menos 30 minutos y si es posible por más tiempo. Colocar las rodajas de papa sobre los ojos, finalmente enjuagar y aplicar un buen humectante.

ALBAHACA

Para suavizar la piel (puede refrigerarse y usarse como refrescante)

Ingredientes

1 a 2 cucharadas de albahaca

1 taza de agua destilada

Procedimiento

Se prepara un té de albahaca, luego cuando enfríe, se empapa un algodón y se pasa por toda la cara para humedecerla. Dejar secar el líquido naturalmente (alrededor de 15 minutos). No es necesario enjuagar.

UVAS

Mascarilla antioxidante y exfoliante

Ingredientes

2 cucharadas de yogurt

4 a 5 uvas (cualquier clase)

1 cucharada de té verde (green tea)

Procedimiento

Machacar las uvas y mezclarlas con el resto de los ingredientes. Se deja por 20 minutos y se enjuaga con agua tibia.

PEPINO

Para suavizar, humectar y aclarar

Ingredientes

$\frac{1}{4}$ pepino

1 cucharada de crema

Procedimiento

El pepino se licua en un poco de agua, se cuela y se mezcla con la crema a formar un puré, luego se aplica al cutis y se deja por 20 a 30 minutos. Se enjuaga la cara con agua tibia y no habrá necesidad de humectar pues deja la piel suave y acondicionada gracias a sus propiedades emolientes.

CAPÍTULO 10

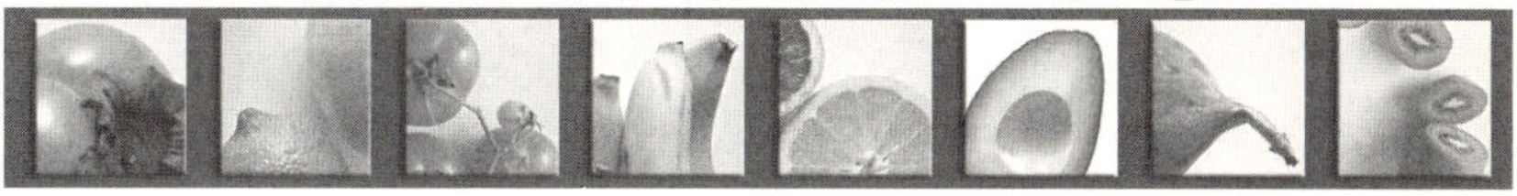

Consejos Naturistas para la Belleza

¿Qué es la belleza? Muchas personas se formularán esta pregunta y todos tendrán una respuesta a ella, pero una no será igual a la otra, porque la belleza 'depende del cristal con que se ve', en otras palabras, cada persona tiene su propio ideal de lo que considera 'bello'.

Siendo el tema de este capítulo, intentaré responder a esa pregunta. Belleza es un concepto que puede ser a la vez vago y preciso, complejo pero simple; suena confuso, ¿verdad?

La belleza a través de la historia de la humanidad se ha definido de acuerdo a la época en que se vivía; en el siglo XVII se consideraba bella a una mujer con una silueta robusta, como se puede observar en los frescos de Pieter Pauwel Ruben (1577–1640), posteriormente en el siglo diecinueve, una cintura de quince pulgadas (algo que no es normal) era un ejemplo apropiado de lo antes expuesto.

Como podemos advertir, la definición general de lo que es bello ha ido cambiando con el paso del tiempo, sin embargo algunas de sus características se han mantenido constantes, como lo es una piel suave y tersa, sin problemas; una cabellera sedosa y sensual, y una apariencia placentera.

En este capítulo encontraremos algunos consejos naturales, yo más bien diría 'vegetarianos', que nos ayudarán a obtener esa tan deseada belleza y por supuesto también a conservarla.

Debemos aprender que en la mayoría de ocasiones no se necesita gastar una fortuna para lograr una piel o una cabellera hermosa, lo único que tenemos que hacer es abrir nuestro refrigerador o ir de compras al supermercado y gastar una fracción de lo que gastaríamos si fuésemos a un salón de belleza de renombre o adquiriéramos una costosa crema para la piel.

Finalmente quiero recalcar que hasta ahora sólo hemos hecho mención de la belleza física, sin embargo para obtener una belleza genuina, total y duradera, es de vital trascendencia fomentar la belleza interna, que es perdurable y no se marchita con el inevitable paso de los años. La magia se encuentra en el interior de cada uno de nosotros y dependiendo del uso que le demos, así serán los resultados. Es importante recordar que una belleza auténtica se irradia de adentro hacia afuera.

La piel

Agua

Agua y más agua, éste es uno de los pasos más importantes en el cuidado de la piel: el tomar suficiente agua. No es ningún secreto, pero a menudo se nos olvida que para adquirir y mantener una piel suave, tersa y elástica, debemos ingerir suficiente cantidad de agua (de 6 a 8 vasos) diariamente.

Otro factor muy importante es protegerse del sol usando filtradores y bloqueadores todos los días, ya que éste es el causante número uno de las manchas, arrugas y envejecimiento prematuro de la piel, y en casos extremos llega a producir cáncer de la misma, especialmente en las de complexión muy blanca, sin embargo, el riesgo también está presente aun en las de tono más oscuro.

Regeneración del cutis. Para deshacerse de las células muertas que se acumulan en la superficie de la piel y ayudarla a regenerarse más rápidamente, se aconseja tratar el cutis con ácidos naturales, como el lácteo que se encuentra en la leche o los ácidos naturales de las frutas. Después de aplicarlo, se puede dejar unos minutos si así se desea, posteriormente debe enjuagarse la cara con agua fría, seguido de la aplicación de un buen humectante (muy importante).

Ácidos naturales

Leche

El ácido lácteo en la leche es un magnífico tratamiento para la piel, además de suavizarla, ayuda a remover y disolver las células muertas acumuladas en la superficie que hacen que la piel luzca sin brillo, cansada y con líneas. El enjuagar la cara diariamente con leche constituye una de las mejores rutinas de belleza.

Jugo de piña

El jugo se diluye con agua en cantidades iguales y se enjuaga la cara o se le pasa un algodón empapado en esta mezcla de jugo.

Jugos de tomate y limón

Se puede hacer exactamente lo mismo que con el de piña. Todos los jugos cítricos pueden usarse para el mismo efecto, asimismo el de tomate por su alto contenido de ácido ascórbico. Una variación, para un efecto más profundo, es dejar reposando estos líquidos en la cara por 15 ó 20 minutos y luego se enjuaga con agua fría.

Para exfoliar la piel

Este paso es muy importante en el cuidado y mantenimiento de la piel, al exfoliar el cutis estamos deshaciéndonos de células muertas y deshechos acumulados en la superficie, con ello se complementa el paso anterior (tratamiento de ácido) para desprender residuos y dejar al descubierto las células nuevas, que son lisas y saludables, suavizando así las líneas y arrugas, logrando lucir un cutis más joven y terso.

Azúcar

Una cucharadita de azúcar (cruda sin refinar, es todavía mejor) se mezcla con unas gotas de aceite de oliva hasta formar una pasta y con ella se masajea levemente el cutis para ayudar a desprender las células muertas.

Sal

Sal marina o cruda es todavía mejor; se puede hacer lo mismo que con el azúcar, también existe la posibilidad de sustituir el aceite de oliva por aceite de ajonjolí y si se desea se le puede agregar unas gotas de jugo de limón.

Avena

A la avena se le conoce como un exfoliador natural, solamente se mezcla con un poco de agua, se forma una pasta y con ésta se masajea la cara.

El azúcar, la sal y la avena, pueden usarse perfectamente con su limpiador favorito, asimismo se utilizan en la piel de todo el cuerpo y de ese modo se obtienen resultados sorprendentes.

Otros secretos naturistas para la piel

Café

No tire el residuo de café molido después de hacerlo, se puede usar para darle color a la piel sin necesidad de exponerla a los dañinos rayos ultravioleta.

Para un color bronceado. Se aplica un poco del café en toda la cara, como una mascarilla, se deja por veinte minutos y se lava con agua fría. La piel adquiere un color bronceado muy atractivo que dura de dos a tres días.

Aceite de coco

Para las manchas del acné. Se mezcla una cucharada de aceite de coco con una cucharadita de turmeric (especie que se encuentra en tiendas del medio oriente) y se aplica un poco en cada mancha diariamente. Los resultados se comienzan a observar en menos de una semana.

Aceite de oliva

Para las estrías o marcas del embarazo. Aplique aceite de oliva diariamente después del baño para evitar las estrías durante el embarazo. Esta es una manera económica y natural de mantener la piel suave y elástica cuando más se necesita.

Para suavizar las manos y los pies. Se masajean las manos y los pies con aceite de oliva todas las noches antes de acostarse y se cubren con guantes y calcetines respectivamente. Esta rutina de belleza repone los aceites naturales devolviendo a la piel su suavidad y tersura de la noche a la mañana.

Papa

Para quitar el color rojizo de las espinillas. Se aplica una menuda rebanada de papa sobre la espinilla infectada por diez o quince minutos para bajarle el tono rojizo y asistir en su eliminación.

Para aliviar y calmar los quistes. Se aplican rodajas de papa durante veinte a treinta minutos al día durante una semana. El resultado le sorprenderá.

Para las quemaduras. Para aliviar el dolor y ardor de una quemadura, basta colocar unas rodajas de papa sobre la parte afectada, cubrir con una venda o trozo de manta limpia y desinfectada. La papa absorberá el calor y el dolor en pocos minutos.

Limón

Para suavizar codos y rodillas. Se corta un limón por mitad y se frota sobre los codos y rodillas, se deja que el jugo seque naturalmente. Repetir de dos a tres veces al día. También aclara la piel de estas zonas tan delicadas y sensibles del cuerpo.

Astringente natural para el rostro. Se mezcla el jugo de medio limón con el jugo de media lima, se diluye con un poco de agua y se enjuaga la cara con la mezcla. Ayuda a eliminar los puntos negros además de fungir como un inigualable limpiador, antiséptico y astringente orgánico.

Para piel húmeda y libre de afecciones. La mejor manera existente para mantener el cutis joven, húmedo y sin problemas es colocando una rodaja de limón con cáscara en una taza de agua hirviendo, dejarla que enfríe un poco y beber a menudo.

Para aclarar uñas amarillentas. Se corta un limón por mitad y se frotan las uñas con la parte abierta a empaparlas de jugo, luego se sumergen por diez a quince minutos en un recipiente con leche tibia. Esto les devolverá su color natural y como un bono, también las fortalecerá.

Para aclarar la piel. Este consejo es muy parecido en esencia al anterior, pero en este caso se mezcla una cucharada de leche con una cucharadita de limón y se aplica a la cara, se deja hasta que se seque y luego se enjuaga con agua fría, seguidamente se aplica buen humectante. Debe hacerse a menudo para obtener resultados prodigiosos.

Manzanilla

Para calmar una espinilla infectada. Se prepara un té con una bolsita de manzanilla, se coloca la bolsita tibia sobre la espinilla y se deja reposar durante unos diez a quince minutos. Se repite la operación unas tres veces al día. Puede usarse otra clase de té herbal como romero y gordolobo.

Banana

Para quitar los moretones. Se pela una banana y la cáscara (parte interior) se aplica sobre el moretón y se deja entre veinte a treinta minutos. Aplicarlo diariamente hasta que la magulladura desaparezca.

Para afirmar los senos. Se hace un puré de bananas muy maduras y se coloca un poco en su sostén, abarcando toda el área del seno y se deja por 30 minutos. Esto afirmará temporalmente esa parte del cuerpo. Hágalo una vez a la semana y obtendrá resultados fabulosos.

Vinagre de manzana

Refrescante natural para la piel. Se mezcla una taza de agua destilada con dos cucharadas de vinagre de manzana y se refrigera. La mezcla actúa como un refrescante natural que puede aplicarse a la piel tan a menudo como se desee. Del mismo modo suaviza la dermis y asiste en la eliminación el acné.

Romero

Limpiador y refrescante. Se hierve una cucharada de esta hierba en una taza de agua, deje enfriar y refrigere. Pase un algodón empapado en esta poción fría sobre toda la cara, incluyendo el área de los ojos y deje secar naturalmente.

Naranja

Refresca y reduce los poros. Se ponen a hervir dos tazas de agua en la cual pondremos la cáscara de tres naranjas, cocer hasta que se vean transparentes. Este líquido se refrigera y se usa como loción especial cuantas veces se desee, refresca y suaviza la piel mientras minimiza el área y apariencia de los poros.

En el baño

Rodajas de naranja

Terapéutico. Agregue unas rodajas de naranja en la tina cuando desee preparar un baño aromático y terapéutico que además estimule y levante el espíritu.

Vinagre de manzana

Vigorizante. Media taza del vinagre y pequeños trozos de la fruta en el agua del baño, vigorizan y combaten la fatiga física, psíquica y mental.

Avena y miel

Suavizante. Para una piel suave y relajada, un poco de avena y miel en el baño obrará milagros. Además ayuda a eliminar el insomnio.

Manzanilla

Tranquilizante. Para un baño tranquilizante y efectivo para contrarrestar el estrés, colgar unas bolsitas del té de linaza, ginseng o hierbabuena bajo el grifo cuando esté llenando de agua la tina, del mismo modo puede preparar una infusión de manzanilla separadamente y luego incorporar.

Hierbabuena

Refrescante. Se prepara un té bien espeso con 2 ó 3 cucharadas de hierbabuena deshidratada, se pueden usar bolsitas de té, cuando ya está listo se le añade una taza de leche y el jugo de un limón, finalmente se incorpora la mezcla con el agua de baño. ¡Que experiencia más exquisita!

Aceite de oliva

Suavizante y relajante. Este baño es el más ideal antes de ir a la cama. Se prepara una infusión espesa con cinco cucharadas de manzanilla o cinco bolsitas de té, luego se mezcla con una taza de leche y media taza de aceite de oliva. Viértase el líquido en el agua de baño. Las infusiones y té de hierbas de cualquier clase, se pueden utilizar a la hora del baño para diferentes fines y efectos tanto estéticos como contemplativos, se recomienda experimentar un poco y de esa manera tomar ventaja de un sin fin de prodigiosas propiedades orgánicas.

Almendra

Para aliviar el estrés y atraer buenos pensamientos. Se mezclan dos cucharadas de extracto de almendras, dos cucharadas de miel, dos cucharadas de extracto de vainilla, dos cucharadas de sal marina, dos cucharadas de aceite de almendra y una taza de leche o una cucharada de leche en polvo. Esta mezcla se incorpora al agua de baño y se disfruta.

El cabello

Aceite de oliva

Para revitalizar el cabello. Se mezcla un huevo con 3 cucharadas de aceite de oliva y se distribuye por todo el cabello, cubrir la cabeza con un gorro de baño o una bolsa plástica y dejarlo por 30 minutos, luego lavarlo. Se hace este tratamiento una vez a la semana para mantener un cabello brillante, nutrido y acondicionado.

Papa

Para suavizar y humectar el cabello. La papa se corta en trozos, se licua con un poco de agua, se cuela, se le agrega un poco de miel y se aplica en el cabello para contrarrestar la resequedad y proporcionarle humedad y brillo. Se deja por 30 minutos, luego se retira el exceso y se lava con un champú suave.

Yogurt

Acondicionador excelente. Después de lavar el cabello, se le aplica media taza de yogurt (sin sabor) cubriéndolo todo, se deja por 30 minutos y al final se enjuaga con agua mineral.

Manzanilla

Para revitalizar el color del cabello claro. Enjuagar el cabello con una infusión de manzanilla constituye la manera más idónea para mantener y restablecer el brillo y realzar el color natural. La manzanilla es propicia para los tonos rubios, castaños, rojizos y marrón.

Café

Para revitalizar el color del cabello oscuro. Se prepara un café bien espeso, después de lavar el cabello enjuagarse con la poción para impartir brillantez, devolver profundidad, y riqueza a cabellos de tono oscuro como café y negro, se deja por unos 10 minutos y luego se enjuaga con agua.

Sábila

Para proteger y combatir la caspa. El gel de sábila se reconoce como uno de los antídotos naturales más indicados para combatir la caspa, se aplica tanto en el cabello como en el cuero cabelludo, se deja secar unos 10 minutos y finalmente se retira con un champú de extractos herbales. Además de asistir en la eliminación de la caspa, también protege y da brillo al cabello.

Vinagre de manzana

Para remover residuos del champú. El vinagre de manzana es un magnífico enjuague final para el cabello, actúa de una manera suave y profunda sin expoliar los aceites naturales, por lo que resulta sumamente eficaz para eliminar tales residuos.

Diluya tres cucharadas de vinagre de manzana en dos tazas de agua y después del baño matutino, darse un último enjuague con esta mezcla, la cual impartirá una buena dosis de brillo al cabello y lo suavizará de una manera naturalmente orgánica.

Limón y Vinagre

Para dar brillo. Un último enjuague de limón, $1/4$ de taza de jugo de limón mezclado con $1/2$ taza de agua, le imparte brillantez a cabellos de tonos claros.

Con la mezcla de $1/4$ de taza de vinagre junto a $1/2$ taza de agua obtendremos un enjuague final saludable y efectivo para impartir brillo a los cabellos de tonos oscuros.

Limón

Para una sonrisa atractiva. Por último se debe agregar algo muy importante que complementa cualquier rutina de belleza, me refiero a una sonrisa sana, jovial y atractiva. Para lucir unos dientes más blancos podemos tener en cuenta los siguientes consejos: Frotar los dientes con una porción de cáscara de limón (el lado exterior) durante un minuto, luego enjuagar. Esta rutina promueve el blanqueamiento paulatino de los dientes evitando los daños en la dentina y el esmalte que producen algunos productos comerciales. Se lleva a cabo por lo menos tres veces a la semana.

Salvia

Para unos dientes más blancos. Se recomienda frotarlos con una o dos hojas de salvia por el lapso de un minuto, esperar unos cinco minutos y finalmente enjuagar. Haciéndolo con frecuencia se obtienen resultados impresionantes.

APÉNDICE

Para la belleza

- Tomar té de salvia todos los días antes de irse a dormir.
- Darse baños con agua de manzanilla una vez a la semana.
- Incluir en la dieta vitamínica el Ginseng.
- Incluir en la dieta diaria pepino, lechuga y aguacate.
- Tomar licuados de papaya en el desayuno.
- Comer semillas de marañón todos los martes.

Para promover la fertilidad

- Tomar té de salvia en ayunas.
- Tomar infusiones de yohimbina.
- Colocar dos pequeños trozos de yuca debajo de la cama.
- Darse baños con agua de Damiana.

Para atraer buenas amistades

- Un frutero con manzanas y mandarinas se coloca en el comedor.
- Se llena un pichel con tamarindos y se coloca en la cocina.
- Una pequeña bolsa de tela azul se rellena con semillas de limón, semillas de papaya, cáscaras secas de pera y un tamarindo, posteriormente se cose la bolsa con hilo amarillo y se coloca cerca de la

puerta de entrada a la casa, también se puede ubicar discretamente en el auto o en la oficina.

Para promover la felicidad

- Tomar infusiones de Mosto de San Juan antes de irse a dormir.
- Tomar infusiones de albahaca una vez al día.
- Un florero de vidrio se llena con flores secas de lavanda, hierbabuena y mejorana, después se coloca cerca de la puerta de entrada de la casa.
- Tenga al menos tres matas de sábila en el jardín.

Para curar la debilidad

- Son efectivas las infusiones de canela y cáscara sagrada, también el té de linaza y eucalipto.
- Prepare en dos litros de agua, un baño energético con hojas de ruda, un limón entero, un poco de mirra y las cáscaras de dos toronjas, ponga a hervir, cuele, deje enfriar y finalmente utilícelo como enjuague final después del baño diario, se recomienda hacerlo por la noche.
- Prepare al mediodía un licuado con tomate, apio y una rama de cilantro, bébalo en el almuerzo.

Para conservar la buena salud

- Se aconseja tener en el jardín: romero, ruda y una mata de limón.
- Comer espinacas y remolacha al menos cuatro veces a la semana.
- Incluir en la dieta diaria una ensalada fresca que contenga brócoli, lechuga, tomate, pepino y zanahoria.
- Tomar agua de coco una vez a la semana.
- Tomar licuados de guayaba los días viernes.

Para protegerse de hechizos

- Se recomienda tener un trozo de la corteza del eucalipto en la sala de la casa.
- Plantar una mata de chile en el jardín.
- Darse baños con agua de ruda todos los martes.

- Entierre nueve semillas de ciruela en una maceta.
- Coloque pequeñas cortezas de coco en el techo de la casa.
- Colgar en el patio o jardín un racimo de cabezas de ajo.

Para atraer dinero y prosperidad

- Tener en la cocina un frutero lleno con manzanas verdes y limones.
- Darse baños con agua de almendra los días jueves.
- Colocar tres toronjas en diferentes habitaciones de la casa y cambiarlas cada semana.
- Regar semillas de papaya en el jardín.
- Se consiguen cuatro tallos de jengibre, se amarran con hilo verde y se colocan cerca del computador.
- Siempre debe existir en la despensa: laurel, orégano, anís, salvia, hinojo, romero y mejorana.
- Tener una mata de ruda en la casa.

Para conseguir empleo

- Cuando se busca empleo se deben portar ocho semillas secas de naranja o mandarina en el bolsillo izquierdo.
- Darse un baño con agua de canela el día lunes.
- En día jueves se siembra menta en el jardín.
- Se colocan dos cerezas en la puerta de entrada del lugar en el que desea trabajar.
- Por tres horas al día y durante una semana se quema una vela violeta la cual se coloca en el centro de un plato blanco y se rodea con frutas frescas como uvas, fresas y frambuesas.

Para protegerse de los ladrones

- Portar consigo un poco de mirra en el bolsillo derecho.
- Sembrar albahaca en el jardín.
- Tener siempre en la cocina un frasco lleno de aceitunas.
- Colocar en la casa semillas secas de uva negra en una ventana que dé hacia la calle.
- Limpie con gel de sábila la puerta de entrada de su casa, hágalo el día primero del mes.

- Porte en el maletero del auto una bolsa de tela blanca rellena con semillas de durazno.
- Porte en la billetera una hoja seca de hierbabuena.

Para atraer paz y armonía al hogar

- Los domingos se quema en forma de incienso las cáscaras secas de una naranja.
- Se recomienda plantar lavanda en el jardín.
- Colocar hojas secas de eucalipto en todas las habitaciones.
- Los martes rociar agua de ruda en la puerta de entrada de la casa.

Para tener sueños proféticos

- Tomar una infusión de gordolobo antes de meterse a la cama.
- Colocar una berenjena en la mesa de noche o cerca de la cama.
- Colocar una buena cantidad de flores de romero dentro de la almohada.
- Darse un baño con agua de llantén antes de acostarse.

Para purificar el espíritu

- Quemar en forma de incienso las flores de la manzanilla.
- Darse baños con agua de coco los días domingo.
- Envolver en un pañuelo blanco, las cáscaras secas de una granada, amarrarlo de los extremos y colgarlos en un árbol que dé buena sombra.

Para atraer el amor

- Usar perfume y fragancias de lavanda.
- Lavarse la cara en las mañanas con agua de manzanilla.
- Partir una manzana a la mitad y compartirla con el ser amado.
- Portar consigo un tamarindo de semilla doble.
- Escribir un deseo de amor en una pera y en día viernes tirarla al río.
- Obsequiar cerezas a la persona que le interesa.

Para atraer la buena suerte

- Sembrar en el jardín de la casa: valeriana, linaza y árnica.
- Escribir una petición en un repollo fresco y exponerlo dos noches a la luz de la luna llena.

- Enterrar en una maceta las cáscaras frescas de una piña y luego plantar en ella raíces de hierbabuena.
- Aplicarse en la palma de las manos gel de sábila durante diez minutos dos veces por semana.
- Preparar en cada luna llena un postre que contenga al menos dos de estas frutas: fresa, frambuesa, cereza, piña, banano, coco, mango, ciruela, higo, limón, naranja o durazno.

Para conciliar el sueño

- Tomar una infusión de valeriana una hora antes de irse a dormir.
- Colocarse en los ojos una hoja fresca de lechuga durante quince o veinte minutos.
- Darse un baño con agua de manzanilla justo antes de irse a la cama.

Para incrementar las habilidades mentales

- Aumentar en la dieta diaria el jugo de arándano.
- Tomar té ginkgo todas las tardes.
- Darse baños con agua de mirra los días miércoles.
- Comer con frecuencia higos y albaricoques.
- Tomar jugo de tomate tres veces por semana.

Para tener larga vida

- Plantar tres árboles de aguacate en tres lugares diferentes.
- Comer papaya y sandía con frecuencia.
- Añadir pequeñas cantidades de romero a las comidas.
- Añadir el apio y la hierbabuena a las ensaladas.
- Darse baños con agua de nuez moscada el día de luna nueva.

Para proteger el hogar

- Colocar hojas secas de albahaca en los clóset y armarios.
- Quemar incienso de canela el tercer martes del mes.
- Pequeños trozos del árbol de mango se colocan discretamente en la sala de la casa.
- Colocar siete cabezas de ajo en el techo de la casa.

- En una bolsa de tela se depositan veinte semillas de sandía, diez alcachofas secas, ocho cáscaras de yuca, un diente de ajo y diez hojas de laurel, la bolsa se expone a la luz solar por tres horas y posteriormente se coloca en el garaje o en algún lugar oscuro de la casa.

Para atraer el éxito profesional

- Frotarse las manos con hojas frescas de mejorana una vez al mes.
- Darse baños con agua de valeriana cada tres días.
- Dormir con un cojín relleno de hojas secas de eucalipto.
- Quemar velas e incienso con esencia de lavanda y mirra.
- Un florero de cristal se rellena con flores secas de manzanilla y se coloca en la habitación.
- Tener junto al computador una semilla seca de aguacate partida por la mitad.

Para mantener la juventud

- Aplicar gel de sábila al rostro por veinte minutos una vez a la semana.
- Tomar jugo de sandía todos los viernes.
- Comer aguacate, zapote y papaya con frecuencia.
- Darse baños con agua de romero todas las mañanas.
- Tomar infusiones de salvia todos los sábados.
- Comer ensalada fresca todos los días.

Para incrementar la potencia sexual

- Tomar infusiones de yohimbina todas las noches.
- Tomar un té de damiana cuatro veces por semana.
- Incluir en la dieta diaria el mango y los bananos.
- Colocar hojas secas de linaza en el lugar donde se guarda la ropa interior.
- Añadir canela en polvo a los postres, batidos y licuados.

Para librarse de la depresión

- Tomar diariamente infusiones de Mosto de San Juan.
- Tomar un té de albahaca en la mañana y uno de manzanilla por la noche.
- Darse baños con agua de hierbabuena.
- Colocar una mazorca de maíz debajo de la cama.
- Portar consigo tres flores de árnica.

La magia de las flores

Resulta herméticamente imprescindible la presencia de las flores en todos los ambientes, les impregnan de armonía, abundancia, relajación, buenos recuerdos, reflexión y serenidad; además del fascinante toque estético alejan las malas vibraciones y desvanecen los sentimientos de congoja y a veces inevitable melancolía. Los fenicios y los egipcios las usaban en procesos curativos por medio de baños terapéuticos y la extracción de aceites naturales considerados en aquel entonces como la última panacea.

Actualmente las flores tradicionales, las exquisitas y las más exóticas son empleadas por la industria cosmética en la fabricación de perfumes, lociones, colonias, cremas, ungüentos y una cantidad innumerable de artículos destinados al cuidado de la apariencia, salud e higiene personal.

Hoy en día estamos volcándonos al descubrimiento de los prodigios de la madre naturaleza, y las flores son cada vez más utilizadas tanto con propósitos medicinales como contemplativos.

Una antigua máxima recita: Aquel mortal que plante y guarde a las flores con fervor, la tierra misma se encargará de recompensarle con las mieles amor.

Flores más populares y sus usos místicos

ACACIA– *Acacia senegal*
Ayuda a eliminar la depresión si se planta en luna nueva.

ANGÉLICA– *Angelica archangelica*
Asiste en la curación de padecimientos emocionales si se coloca bajo la almohada.

ARTEMISA– *Artemisia absinthium*
Promueve la buena comunicación en el hogar cuando se decora con ella el área del comedor.

AVE DEL PARAÍSO– *Musaceae /Musa paradisiaca*
Induce a la longevidad cuando se es plantada en el mes de mayo.

AZALEA– *Rhododendron indicum*
Aleja los malos pensamientos y los deseos de venganza si se disfruta de su aroma justo después de despertar.

AZUCENA– *Calochortus leichtlinii*
Aumenta la pasión en la pareja cuando se coloca en la habitación en un florero con agua mineral.

BEGONIA– *Begoniaceae*
Brinda nuevas ilusiones cuando sentimos que hemos fracasado• Debe sembrarse en día viernes.

BELLADONA– *Atropa belladonna*
Exalta la belleza y magnetismo en la persona que dedica tiempo a su siembra y cuidado.

BUGAMBILIA– *Bougainvillea spectabilis*
Promueve el orden y la disciplina en hogares carentes de estabilidad económica. Debe ser plantada por el integrante de menor edad.

CAMELIA– *Camellia japonica*
Atrae el verdadero amor si se planta en el día de nuestro cumpleaños.

CALÉNDULA– *Chelindonium majus*
Incrementa la fertilidad en mujeres que desean salir embarazadas cuando disfrutan su fragancia antes de irse a dormir.

CLAVEL– *Hibiscus spp.*
Intensifica la buena suerte en las finanzas si es plantado un viernes de luna llena.

CRISANTEMO– *Chysantemum spp.*
Mantiene la buena salud en los habitantes del hogar cuando ocho de sus hojas se dispersan por toda la casa.

DAYSI– *Chrysanthemum leucanthemum*
Cuando es plantada en vísperas de la primavera induce a los niños y a los adolescentes el deseo de seguir estudiando.

FLOR DE CÁCTUS– *Opuntia basilaris*
Un deseo se pide cuando la flor está a punto brotar, si se hace con devoción éste se cumplirá en un par de semanas.

FLOR DE LOTO– *Nelumbo nucifera*
Resguarda contra la mala voluntad si se porta en el bolsillo derecho. Si se porta en el izquierdo atrae fortuna.

FLOR DE MEDIANOCHE– *Cereus nycticallus*
Un enjuague con el agua de esta flor promete incrementar la pasión en la vida íntima del usuario.

FLOR DE MEDIODÍA– *Ipomoea spp.*
Protege contra el mal de ojo si se pasa por la frente antes de salir a la calle.

FLOR DE NOCHEBUENA– *Euphorbia pulcherrima*
Fomenta la unidad familiar durante todo el año si se decora la casa con ella durante el mes de diciembre.

FLOR DEL PENSAMIENTO– *Viola witrockiana*
Elimina pesares y remordimientos cuando es plantada en el ocaso del invierno. También provoca visiones y sueños reveladores si se percibe su aroma a la medianoche.

GARDENIA– *Gardenia spp.*
Se obsequian gardenias cuando deseamos obtener el perdón de alguien a quien perturbamos con una actitud injusta.

GERANIO– *Pelargonium spp.*
Brinda alegría y protección espiritual a quien le cuida y le mantiene libre de plagas.

GIRASOL– *Helianthus annuus*
El comer la nuez que se encuentra dentro de la semilla promete devolverles a los enfermos la salud perdida.

GLADIOLA– *Galdiolus carneus*
Fomenta la prosperidad económica en hogares que han sido abatidos por la escasez.

HELIOTROPO– *Heliotropum europaeum*
El agua de heliotropo se rocía al mediodía en la puerta de entrada de la casa para ahuyentar a quien venga con malas intenciones.

HORTENSIA– *Hydragea arborescens*
Conforme va creciendo en un jardín así irá creciendo la fortuna de su propietario.

JACINTO– *Hyacinthus orientalis*
Sus hojas y pétalos deshidratados se queman como incienso a la medianoche para neutralizar hechizos y amarres amorosos.

JAZMÍN– *Jasminum odorantissimum*
Siempre se le ha considerado como la fragancia ideal que utiliza una mujer cuando desea ser recordada constantemente por su enamorado.

LAVANDA– *Lavendula officinale*
Le impregna un potente magnetismo seductor a quien usa su fragancia diariamente.

LIRIO– *Lilium spp.*
Un baño con agua de lirios se recomienda para contar con buenos augurios cuando se ha de enfrentar un caso en la corte.

LIRIO DEL VALLE– *Convallaria magalis*
Son ofrendados en ceremonias religiosas cuando se ha de pedir un favor divino.

MAGNOLIA– *Magnolia grandifolia*
Un saquito relleno con pétalos secos de magnolia se portan en el automóvil para ahuyentar a los ladrones y eludir accidentes.

MALVA– *Sidalcea spp.*
Si es plantada y cuidada con esmero atrae a su guardián la obtención de un tesoro.

MARGARITA– *Calendula officinalis*
Se adorna la casa con ella para asegurar la buena salud emocional de sus habitantes.

NARCISO– *Narcissus spp.*
Se portan en la billetera tres flores secas de narciso para que el dinero no falte.

ORQUÍDEA– *Orchis spp.*
Si alguien le regala una orquídea es señal que esa persona le quiere bien.

PASIONARIA– *Passiflora incarnata*
Obsequie estas flores cuando tenga la intención que otra persona le desee con vehemencia.

PETUNIA– *Petunia Hybrida*
Se siembra en el jardín para alejar visitantes antipáticos y vendedores inoportunos.

ROSA– *Rosa spp.*
Enjuagar la cara con agua de rosas por las mañanas promueve el rejuvenecimiento.

TULIPÁN– *Tulipa spp.*
Si quiere cautivar el corazón de una persona envíele un ramo de tulipanes.

VARA DE SAN JOSÉ– *Solidago odora*
Dos de estas flores se colocan discretamente adentro de la casa de una persona de quien se ha de solicitar posteriormente un favor.

VERBENA– *Verbena officinalis*
Se convierte en un talismán de buena suerte cuando se pretende atraer más clientes a un negocio. Debe ser plantada en día viernes.

VIOLETA– *Viola odorata*
Un ramo de violetas debe colgarse en la puerta de la habitación de las personas que andan en busca de su alma gemela.

VIOLETA AFRICANA– *Saintpaulia ionantha*
Es conveniente tener tres de estas plantas en la casa para preservar el amor entre hermanos y promover la buena comunicación entre padres e hijos.

GLOSARIO

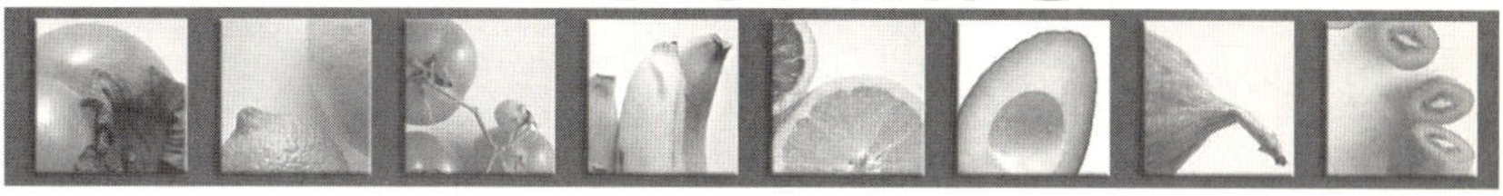

Afrodisíaco: Sustancia que induce a la excitación sexual.

Afrodita: Diosa griega venerada como la deidad del amor, la belleza y el deseo, por lo cual ocupaba un sitio predilecto en el Olimpo. Existen varias versiones acerca de su origen, una de las más difundidas afirma que nació de la espuma del mar entre los residuos de la virilidad de Uranos. Madre de Eros, Anteros y del celebre Hermafrodita.

Alcaloide: Sustancia orgánica cuyas propiedades recuerdan las de los álcalis —sustancias que poseen propiedades afines a las de la potasa.

Analgésico: Supresor o calmante para el dolor.

Analgésico estomacal: Calmante para el dolor de estómago.

Antibacterial: Elimina y evita la pululación de las bacterias.

Antibiótico: Sustancia química que inhibe o destruye la proliferación de microorganismos.

Anticancerígeno: Indicado para prevenir o curar el cáncer.

Antiespasmódico: Reduce los espasmos musculares y la tensión.

Anti-inflamatorio: Medicamento empleado para reducir y eliminar la inflamación.

Antipirético: Reduce la fiebre.

Antiséptico: Destruye e impide el desarrollo de los microbios.

Ares: Antiguo dios de la guerra en la cultura griega. Los romanos le identificaron con Marte.

Artemisa: Diosa griega de la luna, hermana gemela de Apolo e hija de Zeus y de Leto.

Astringente: Precipita las proteínas de la superficie de las células y membranas mucosas, produciendo una capa protectora.

Atenea: Atenea o Minerva hija de Zeus que nació de su misma cabeza. Diosa de la sabiduría y de la guerra, por lo cual también se le llamó Palas.

Baco: Es el dios romano del vino, identificado con el dios griego Dionisio.

Balsámico: Contiene propiedades medicinales aromáticas altamente efectivas para la salud.

Bodishatva: En términos budistas un bodishatva es aquel que ha pasado a través de las diez etapas de purificación espiritual y se ha preparado para entrar en el Nirvana, sin embargo prefiere seguir contemplando la vida de otras almas y de ese modo asistirles en el proceso de purificación y salvación.

Celta: Integrante de la antigua cultura indogermánica establecida en las Galias (Francia), las Islas Británicas y España. Idioma de ese pueblo.

Ceres: Es la diosa romana de las cosechas, su nombre significa madre tierra y de aquí se deriva la palabra cereal. Célebre por ser la autora indirecta de las cuatro estaciones del año. Madre de Perséfone. Ampliamente identificada con la Demeter de los griegos.

Cicatrizante: Medicamento o remedio que procura la cicatrización.

Cistitis: Inflamación de la vejiga.

Chac Mool: Divinidad maya venerada como el dios de la lluvia, fue ampliamente identificado con el Tlaloc de los aztecas. Ampliamente venerado en el sur de México y en gran parte de Centroamérica antes y después de la colonia.

Chamán: Originalmente el término significa hombre sabio en la medicina o sumo sacerdote de la magia en algunas tribus primitivas. En la actualidad el término hace referencia a un hechicero practicante de ritos mágicos y sobrenaturales cuyo propósito es influenciar entidades espirituales.

Changó: Rey de los orishas o santos africanos, deidificado como el patrón del rayo, el fuego y el trueno. Es comúnmente sincretizado con Santa Bárbara.

Cherokee: Tribu indígena norteamericana —Chehr uh kee— cuyos orígenes se establecieron en la región central y sureste de los Estados Unidos. Actualmente la población de la tribu pasa los 275 mil integrantes.

Chasca: Divinidad incaica reverenciada como animador de la naturaleza, es el equivalente del Quetzalcoatl de los aztecas.

Demeter: Es la diosa griega de las cosechas, su nombre significa diosa maternal y le fue consagrado debido a las proezas que obraba en favor de la naturaleza. Era hija de Cronos y Rea y hermana de Zeus. Comúnmente asociada con la diosa Ceres de los romanos.

Dionisio: Dios griego de la vid y el vino, ampliamente identificado con el Baco de los romanos.

Diurético: Fomenta y facilita la secreción de la orina.

Equinoccios: Época del año en la cual el día y la noche tienen la misma duración.

Elegguá: Divinidad Yoruba reconocido como mensajero de los santos africanos u Orishas, también es conocido como uno de los guerreros. Ha sido sincretizado con el Niño de Praga y el Niño de Atocha.

Enzima: Sustancia orgánica que actúa como catalizador en los procesos del metabolismo.

Expectorante: Induce la eliminación y remoción de flema del tracto respiratorio.

Febrífugo: Reduce la fiebre.

Ganesh: Divinidad con cabeza de elefante, es el hijo de Shiva, considerado como el dios de la buena suerte, la prosperidad y el conocimiento, el que se encarga de remover todos los obstáculos.

Gea: Nombre designado a la madre naturaleza, a la madre tierra, planeta tierra.

Glucosa: Azúcar encontrada en una gran cantidad de frutas y en la composición de la mayoría de glúcidos.

Hermes: Dios ancestral de los griegos consagrado como el mensajero de los dioses y protector de los viajeros, también se dice que conducía a los muertos al camino de la dimensión espiritual. Hijo de Zeus y Maia la más hermosa de las Pléyades.

Inle: Santo africano u Orisha venerado como el patrón de la medicina, es ampliamente sincretizado con San Rafael Arcángel.

Isis: Cónyuge divina de Osiris, conocida como la más grande encantadora y la dama de la magia. Junto a Osiris y Orus conforman la trinidad egipcia.

Ixchel: Divinidad maya reconocida como la diosa de la luna, patrona de los tejedores y del parto. Venerada en las tribus mesoamericanas por las mujeres que deseaban salir en estado.

Kukulkán: Deidad de origen maya reverenciado como el creador de todos los portentos naturales, equivalente con el Quetzalcoatl de los aztecas y el Chasca de los incas.

Lakshmi: Diosa hindú de la belleza, la prosperidad y la riqueza. Consorte divina de Vishnu.

Laxante: Sustancia o remedio que actúa contra el estreñimiento y como purgante.

Marduk: Dentro de la mitología babilónica era considerado el rey de todos los dioses, quien determinaba el destino de los mortales, dios de los magos y las artes mágicas.

Marte: Dios de la guerra en la mitología romana, es el equivalente del Ares de los griegos. Gracias a sus proezas el mes de marzo y el día martes fueron consagrados en su honor.

Náhuatl: Lengua hablada por los indígenas de ascendencia nahua, los aztecas de México y los pipiles de El Salvador.

Navajo: Tribu indígena norteamericana perteneciente a las regiones de Arizona y Nuevo México. Lengua de ese pueblo.

Nefertiti: Antigua reina egipcia, esposa del faraón Akhenaten quien reinó entre el año 1364 a 1350 antes de Cristo. A Nefertiti se le reconoce como uno de los símbolos de la belleza universal y es considerada la patrona de los cirujanos plásticos.

Neroli: Exquisito aceite esencial derivado de la naranja.

Nirvana: En la terminología filosófica de lo esotérico y lo oculto, es el grado más alto que puede alcanzar el ego de un individuo que ha obtenido la perfección suprema y la santidad.

Obi: Nombre dado al coco en lengua yoruba. Sistema de adivinación dentro de la santería.

Odín: Dios de la mitología escandinava, representante de la guerra, la sabiduría y la poesía.

Orisha: Divinidad o santo africano sincretizado con un santo católico.

Oshún: Hermosa deidad yoruba patrona del amor, la pasión, el oro y el agua dulce. Es ampliamente sincretizada con la Virgen de la Caridad del Cobre.

Pachamama: En lengua quechua pachamama es la madre tierra, la madre del universo y la madre del tiempo.

Palas: Véase Atenea.

Paraciticida: Elimina e impide el desarrollo de parásitos.

Perséfone: Dentro de la mitología griega era la célebre hija de Demeter o Ceres quien fue raptada por Hades y obligada a vivir en el mundo subterráneo.

Poseidón: Dios griego de los mares, hermano de Zeus, asociado directamente al Neptuno de los romanos.

Purgante: Laxante de drástica acción.

Quetzalcoatl: Divinidad azteca representado como la serpiente emplumada, creador del tiempo, del hombre, de la belleza y de la vida. Equivalente del kukulkán de los mayas.

Rinitis: Inflamación de las mucosas de las fosas nasales.

Salmonella: Bacteria producida por el consumo de alimentos descompuestos, contaminados o en mal estado, causante de la salmonelosis

Sedante: Sustancia que detenta la virtud de sosegar o calmar la excitación nerviosa.

Set: Dios egipcio de la atmósfera, adversario mortal de Osiris. Fue representado como una especie de ser viviente de cuerpo humano con la cabeza de un animal desconocido.

Solsticios: Época del año en la cual el sol se encuentra en uno de los trópicos.

Sudorífico: Medicamento que induce la acción de sudar.

Thot: Dios egipcio representado con cuerpo de hombre y cabeza de pájaro, dios de la sabiduría, las artes mágicas, inventor de la escritura y patrón eterno de la literatura.

Tlaloc: Dios del rayo y la lluvia en la cultura azteca, con su imponente hacha partía las nubes en dos y hacía brotar manantiales desde el cielo. Fue identificado con el Dios Cocijo y el dios Tajín, en las culturas zapoteca y totonaca respectivamente.

Tónico: Medicamento que estimula, restaura y fortalece el organismo.

Uayeb: Corto período de cinco días en el calendario haab de la cultura maya. Lapso que representaba cinco días desolados o de mala suerte.

Uretritis: Inflamación producida en la membrana mucosa de la uretra.

Vasodilatador: Incrementa el diámetro de los vasos sanguíneos.

Venus: La equivalente de afrodita dentro de la mitología romana. Hermosa y exuberante diosa de la belleza, el amor, la pasión, la vanidad y el deseo.

Vermífugo: Se aplica a sustancias con la propiedad de eliminar parásitos y lombrices intestinales.

Xipe Totec: Nombre del dios azteca del maíz, los sacrificios rituales y la primavera.

Yemayá: Es la diosa de los mares y venerada como tal dentro de la santería y el candomblé brasilero. Ha sido sincretizada en el catolicismo con la Virgen de Regla.

BIBLIOGRAFÍA

Aero, Rita. *Things Chenese.* Garden City N. Y. Dolphin, 1980.

Agrippa, Henry Cornelius. *The Philosophy of Natural Magic.*

Antwerp, 1531. Seacaucus, N. J. University Books, 1974.

Bailey, Liberty Hyde. *Hortus Third. A Concise Dictionary of Plants Cultivated in The United States and Canada.* N. Y. Macmillan Publishing Co. 1976.

Baker, Margaret. *Gardener's Magic and Folklore.* N. Y. University Books. 1978.

Berwick, Ann. *Aromaterapia.* St. Paul MN. Llewellyn Español. 1999.

Burland, C. A. *The Gods of Mexico.* N. Y. Putnam's 1967.

Blunt, Wilfred & Sandra Raphael. *The Illustrated Herbal.* N. Y. Thames and Hudson. 1979.

Bolton, Brett L. *The Secret Powers of Plants.* N. Y. Berkley 1974.

Budge, Wallis. *Amulets and Talismans.* New Hyde Park. N. Y. University Books 1968.

Castleman, Michael. *Las Hierbas que Curan.* Emmaus. Pennsylvania. Rodale Press. 1995.

Connell, Charles. *Aphrodisiacs in Your Garden.* N. Y. Taplinger Press. 1966.

Cunningham, Scott. *Enciclopedia de Cristales, Gemas y Metales Mágicos.* St. Paul MN. Llewellyn Español. 2001.

——*Encyclopedia of Magical Herbs.* St. Paul MN. Llewellyn Publications. 1996.

——*Wicca. A Guide for the Solitary Practitioner.* St. Paul MN. Llewellyn Publications. 1996.

——*Wicca in the Kitchen.* St. Paul MN. Llewellyn Publications. 2003.

Chappell, Helen. *The Waxing Moon. A Gentle Guide to Magic.* N. Y. Links. 1974.

Dana & Mrs William Starr. *How to Know the Wild Flowers.* N. Y. Dover. 1963.

Devine, M. V. *Brujería. A Study of Mexican American Folk Magic.* St. Paul MN. Llewellyn Publications. 1982.

Emboden, William A. *Bizarre Plants.* N. Y. Macmillan. 1974. Truffles.

Emrich, Duncan. *The Folklore of Love and Courtship.* N. Y. American Heritage Press. 1970.

Fortune, R. F. *Sorcerers of Dobu.* N. Y. Dutton. 1963.

Fox, Hellen Morgenthau. *Gardening UIT Herbs for Flavor and Fragance.* N. Y. Macmillan. 1934.

Gerard, John. *Gerard's Herbal. The Essence Thereof Distilled.* Marcus Woodward. London. Spring Books. 1964.

González–Wippler, Migene. *La Magia y Tú.* St. Paul MN. Llewellyn Español. 1997.

——*Santería. Mis Experiencias en la Religión.* St. Paul MN. Llewellyn Español. 1999.

——*Santería. La Religión.* St. Paul MN. Llewellyn Español. 1999.

Gordon, Leslie. *Green Magic.* N. Y. Viking Press. 1977

Grace, Kendra. *Aromaterapia Esencial.* St.Paul. MN. Llewellyn Español. 2000.

Gregor, Arthur S. *Amulets, Talismans and Fetishes.* N. Y. Scribner's. 1975.

Griffin, Judy Ph. D. *Hierbas de la Madre Naturaleza.* St. Paul MN. Llewellyn Español. 2000.

Hansen, Harold. *The Witch's Garden. Santa Cruz.* Unity Press. 1978

Harner, Michael J. *Hallucinogens and Shamanism.* Oxford. Oxford University Press. 1973.

Henrion, Kay. *Prácticas Holísticas para la Salud.* St. Paul MN. Llewellyn Español. 2002.

Hohman, John George. *Pow–Wows, Or the Long Lost Friend.* Dallas. Dorene Publishing. N. D. 1980.

Jensen, Bernard. *Foods that Heal.* Garden City Park. N. Y. Avery Publishing Company. 1988.

Jacob, Dorothy. *A Witch's Guide to Gardening.* N. Y. Taplinger. 1965.

Krutch, Joseph Wood. *Herbal. Boston.* David R. Godine. 1965.

Leland Charles, Godfrey. *Etruscan Magicand Occult Remedies.* Hyde Park. N. Y. Unisersity Books. 1963.

Leyel, C. F. *The Magic of Herbs.* N. Y. 1927. Toronto, Canada. Coles Publishing 1981.

Malbrough, Ray. *Charms, Spells and Formulas.* St. Paul. MN. Llewellyn Publications. 1985

Manniche, Lise. *An Ancient Egyptian Herbal.* Austin. University of Texas Press. 1989.

Meyer, Carolyn. *Coconut. The Tree of Life.* N. Y William Morrow. 1976.

Murray Prisant, Guillermo. *El Poder Curativo de los Jugos.* México D. F. Selector. 2002

Newall, Venetia. *The Enciclopedia of Witchcraft and Magic.* A&W Visual Press. 1974.

Ody, Penelope. *The Complete Medicinal Herbal.* A Dorling Kindersley Book. N. Y. 1993

O'Hara, Gwydion. *La Magia de la Aromaterapia.* St. Paul, MN. Llewellyn Español. 2001.

Opie, Iona & Moiara Tatem, editores. *A Dictionary of Superstitions.* N. Y. Oxford University Press. 1989.

Pliny the Elder. Caius Plinius secundus. *Natural History.* Cambridge. Harvard University Press. 1956.

Riva, Anna. *The Modern Herbal Spellbook.* Toluca Lake. CA. Imports. 1974.

Simmons, Adelma Grenier. *Herb Gardening in Five Seasons.* Princeton. D. Van Nostrand CO. 1964.

Singer, Charles. *From Magic to Science.* N. Y. Dover. 1958.

Thompkins, Peter & Christopher Bird. *The Secret Life of Plants.* N.Y. Avon Books. 1974

Valiente, Doreen. *Natural Magic.* N. Y. St. Martin's Press 1975.

Von, Hagen & Vistor, W. *El Mundo de los Mayas, El Mundo de los Aztecas.* Editorial Diana, Ciudad de México 1987.

Waring, Phillippa. *A Dictionary of Omens and Superstisions.* N. Y. Ballantine. 1978.

Winter, Evelyn. *México Ancient and Native Remedies.* México City. Editorial Furnier. 1972.

ILUSTRACIONES

Aguacate: *Persea americana*

Ajo: *Allium sativum*

Albahaca: *Ocimum basilicum*

Anís: *Pimpinella anisum*

Berro: *Nasturtium officinale*

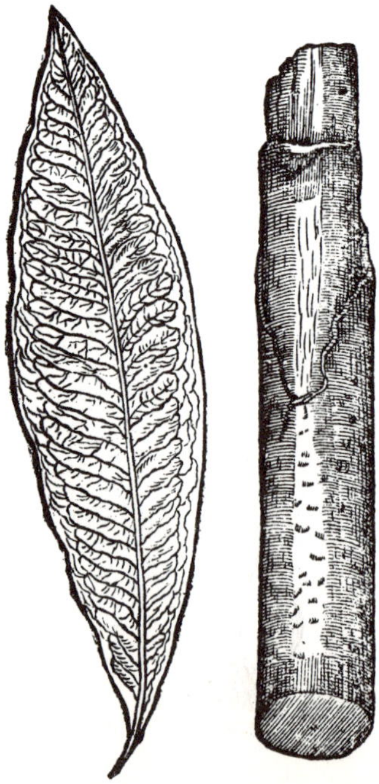

Canela: *C. zeylanicum*

Apio: *Apium graveolens*

Árnica: *Arnica montana*

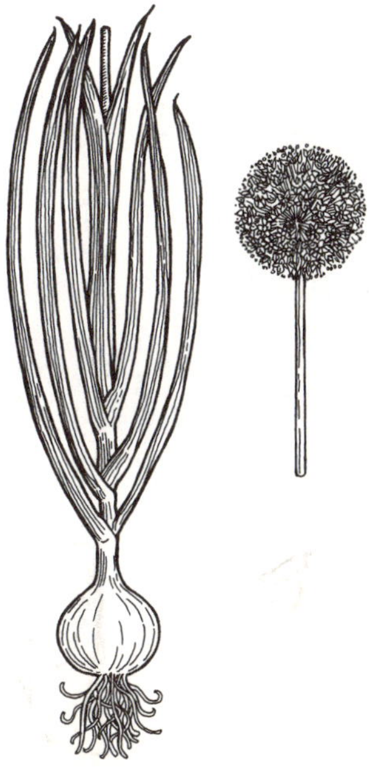

Cebolla: *Allium cepa*

Cereza: *Prunus*

Cilantro: *Coriandrum sativum*

Coco: *Cocos nucifera*

Equinacia: *Echinacea angustifolia*

Espárragos: *Asparagus officinalis*

Chayote: *Cucurbita*

Durazno: *Amygdalus persica*

Eucalipto: *Eucalyptus globulus*

Frambuesa: *Rubus idaeus*

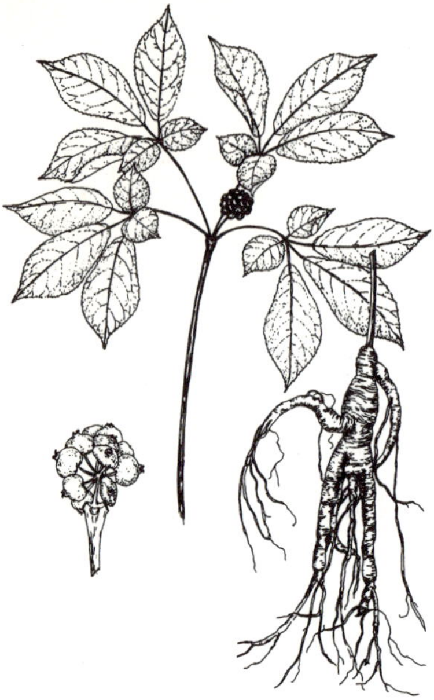

Ginseng: *Panax quinquefolius*

Gordolobo: *Verbascum thapsus*

Hierbabuena: *Mentha spp.*

Higo: *Ficus carica*

Granada: *Punica granatum*

Guayaba: *Psidium guajava*

Hinojo: *Foeniculum vulgare*

Jengibre: *Zingiber officinale*

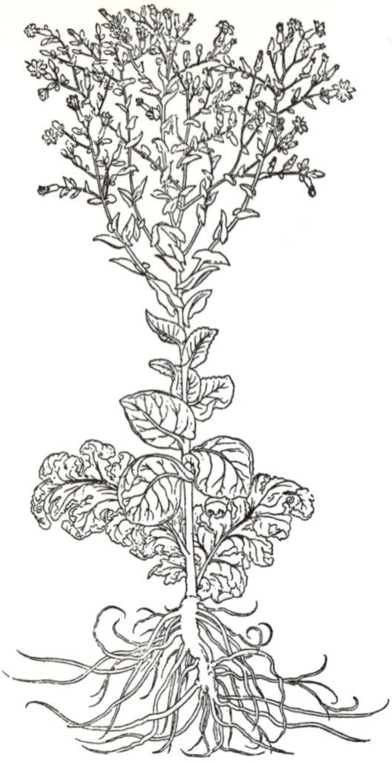

Lechuga: *Lactuca sativa*

Limón: *Citrus limon*

Manzana: *Pyrus malus*

Manzanilla: *Matricaria recutita*

Linaza: *Linum usitatissimum*

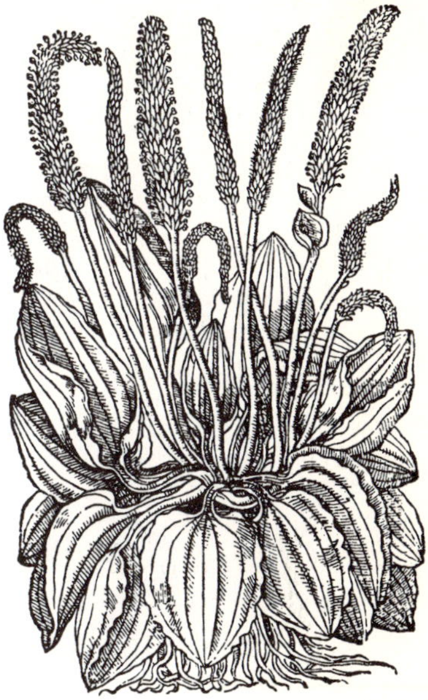

Llantén: *Plantago major*

Mejorana: *Origanum majorana*

Naranja: *C. sinensis*

Orégano: *Origanum vulgare*

Papa: *Solanum tuberosum*

Remolacha: *Beta vulgaris*

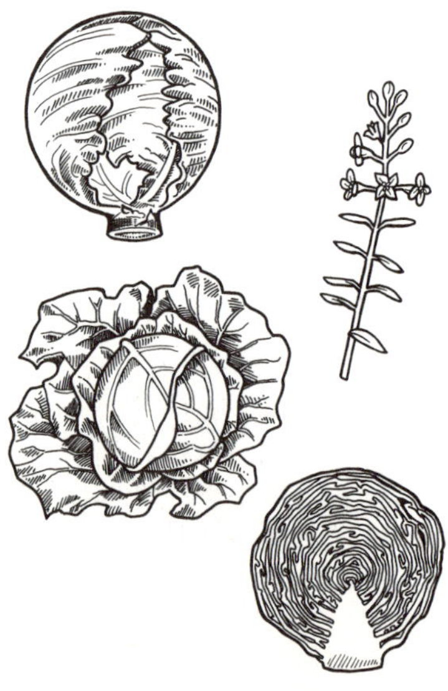

Repollo: *Brassica species*

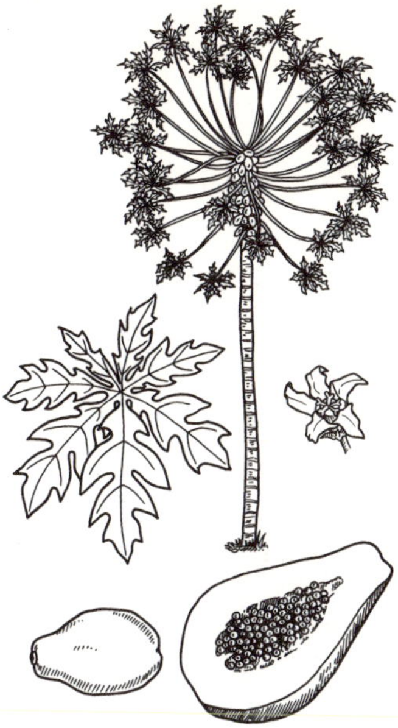

Papaya: *Carica papaya*

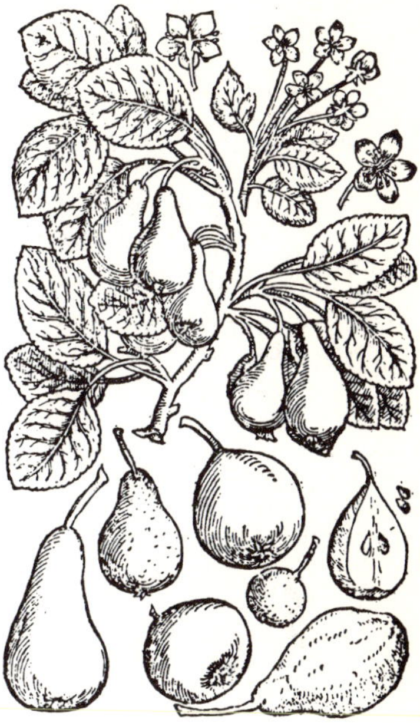

Pera: *Pyrus communis*

Ruda: *Ruta graveolens*

Salvia: *Salvia officinalis*

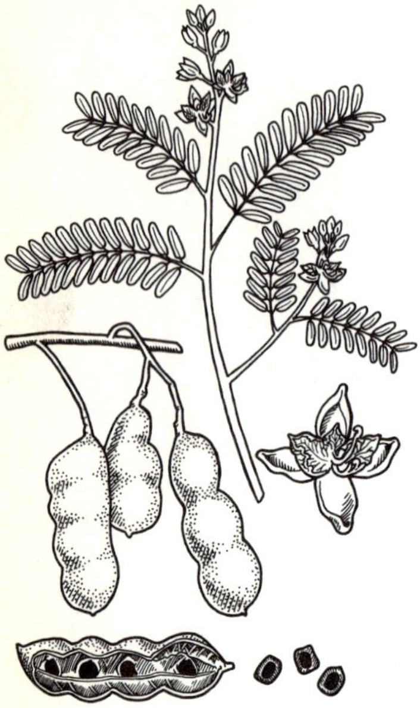

Tamarindo: *Tamarindus indica*

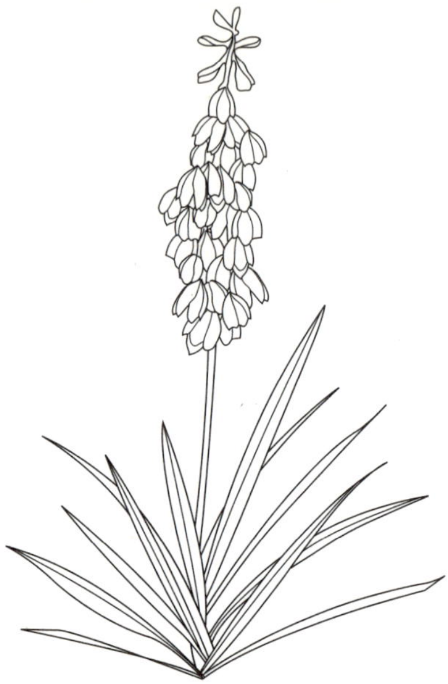

Yuca: *Yucca filamentosa*